超简单 用Python 让Excel飞起来

王秀文　郭明鑫　王宇韬◎编著

图书在版编目（CIP）数据

超简单：用 Python 让 Excel 飞起来 / 王秀文，郭明鑫，王宇韬编著 . — 北京：机械工业出版社，2020.7（2023.1 重印）
ISBN 978-7-111-65976-1

Ⅰ. ①超… Ⅱ. ①王… ②郭… ③王… Ⅲ. ①软件工具 – 程序设计②表处理软件 Ⅳ. ① TP311.561 ② TP391.13

中国版本图书馆 CIP 数据核字（2020）第 112737 号

本书是一本讲解如何用 Python 和 Excel“强强联手”打造办公利器的案例型教程。

全书共 9 章。第 1 ~ 3 章主要讲解 Python 编程环境的搭建、Python 的基础语法知识、模块的安装和导入、常用模块的基本用法等内容，为后面的案例应用打下坚实的基础。第 4 ~ 8 章通过大量典型案例讲解如何用 Python 编程操控 Excel，实现数据整理、数据分析、数据可视化等工作的自动化和批量化处理。第 9 章主要讲解如何在 Excel 中调用 Python 代码，进一步拓宽办公自动化的应用范围。

本书理论知识精练，案例典型实用，学习资源齐备，适合有一定 Excel 基础又想进一步提高工作效率的办公人员，如从事文秘、行政、人事、营销、财务等职业的人士阅读，也可供 Python 编程爱好者参考。

超简单：用 Python 让 Excel 飞起来

出版发行：机械工业出版社（北京市西城区百万庄大街 22 号 邮政编码：100037）
责任编辑：李华君 责任校对：庄 瑜
印 刷：保定市中画美凯印刷有限公司 版 次：2023 年 1 月第 1 版第 11 次印刷
开 本：190mm × 210mm 1/24 印 张：12
书 号：ISBN 978-7-111-65976-1 定 价：69.80 元

客服电话：（010）88361066 68326294

前言

Preface

Excel 作为当今最流行的办公软件之一，在数据编辑、处理和分析方面的表现都很出色。但是许多办公人员会发现，即便有了 Excel 的帮助，重复性、机械性的事务仍然要花费大量时间，而且如果要处理的数据体量较大，连 Excel 都变得有些力不从心了。那么有没有办法弥补 Excel 的这些“短板”呢？本书给出的答案是：用 Python 为 Excel 插上飞翔的翅膀。

可能有人会说，Python 不是专门供程序员编程使用的吗？对于没有编程基础的普通办公人员来说会不会太难学了？其实这样的担心是多余的。Python 的语法简洁易懂，因而很容易上手。更重要的是，学习 Python 能带给我们巨大的回报：用 Python 编程操控 Excel，不仅能又快又好地完成机械性、重复性的枯燥工作，而且能借助各种功能强大的第三方模块，将大数据分析、机器学习等先进的数据科学工具以“平易近人”的方式应用到日常办公当中，提高工作的“含金量”。

本书就是一本讲解如何用 Python 和 Excel“强强联手”打造办公利器的案例型教程。全书共 9 章。第 1 ～ 3 章主要讲解 Python 编程环境的搭建、Python 的基础语法知识、模块的安装和导入、常用模块的基本用法等内容，为后面的案例应用打下坚实的基础。第 4 ～ 8 章通过大量典型案例讲解如何用 Python 编程操控 Excel，实现数据整理、数据分析、数据可视化等工作的自动化和批量化处理。第 9 章主要讲解如何在 Excel 中调用 Python 代码，进一步拓宽办公自动化的应用范围。

本书采用生动的情景对话方式引入案例，代码附有详细、易懂的注解，能有效帮助读者快速理解代码的适用范围及编写思路，并通过“举一反三”栏目对案例的应用场景进行扩展和延伸，引导读者开拓思路，从机械地套用代码进阶到随机应变地修改代码，独立解决更多实际问题。

本书适合有一定 Excel 基础又想进一步提高工作效率的办公人员，如从事文秘、行政、人事、营销、财务等职业的人士阅读，也可供 Python 编程爱好者参考。

由于编者水平有限，本书难免有不足之处，恳请广大读者批评指正。读者可扫描封底上的二维码关注公众号获取资讯，也可加入 QQ 群 552842392 进行交流。

编者

2020 年 5 月

如何获取学习资源

扫码关注微信公众号

在手机微信的“发现”页面中点击“扫一扫”功能，进入“二维码 / 条码”界面，将手机摄像头对准封底上的二维码，扫描识别后进入“详细资料”页面，点击“关注公众号”按钮，关注我们的微信公众号。

获取学习资源下载地址和提取码

点击公众号主页面左下角的小键盘图标，进入输入状态，在输入框中输入6位数字“200610”，点击“发送”按钮，即可获取本书学习资源的下载地址和提取码，如右图所示。

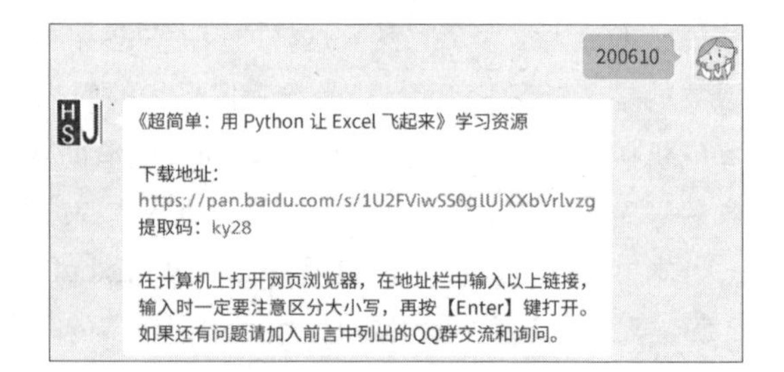

打开学习资源下载页面

在计算机的网页浏览器地址栏中输入前面获取的下载地址（输入时注意区分大小写），如右图所示，按【Enter】键即可打开学习资源下载页面。

输入提取码并下载文件

在学习资源下载页面的“请输入提取码”文本框中输入前面获取的提取码（输入时注意区分大小写），再单击“提取文件”按钮。在新页面中单击打开资源文件夹，在要下载的文件名后单击“下载”按钮，即可将其下载到计算机中。如果页面中提示需要登录百度账号或安装百度网盘客户端，则按提示操作（百度网盘注册为免费用户即可）。下载的文件如果为压缩包，可使用7-Zip、WinRAR等软件解压。

提示：读者在下载和使用学习资源的过程中如果遇到自己解决不了的问题，请加入QQ群552842392，下载群文件中的详细说明，或向群管理员寻求帮助。

目 录

Contents

第3章 Python 模块

第4章 使用 Python 批量处理工作簿和工作表

第5章 使用 Python 批量处理行、列和单元格

第6章 使用 Python 批量进行数据分析

第7章 使用 Python 制作简单的图表并设置图表元素

第8章 使用 Python 制作常用图表

第9章 在 Excel 中调用 Python 代码

第 1 章

Python 快速上手

要想借助 Python 让 Excel 更高效地工作，首先要搭建 Python 的编程环境，然后要安装与 Excel 相关的 Python 第三方模块。本章就将详细讲解这些知识，并在最后带领大家编写一个小程序，让大家实际感受一下 Python 是如何让 Excel 飞起来的。

1.1　为什么要学习用 Python 控制 Excel

众所周知，Excel 拥有直观的工作界面、出色的数据处理和计算功能以及丰富的图表工具，这些优势使得 Excel 在办公和商务领域有着广泛的应用。而且在 Excel 中通过 VBA 编程能让 Excel 更好地实现重复性工作的自动化和批量化处理，那么我们为什么还要舍近求远地学习用 Python 控制 Excel 呢？原因主要有以下几个方面：

● Python 简单易学。相比 Python 而言，VBA 的语法更加复杂和冗长，理解起来也更加困难，而 Python 的语法知识简单，代码也很简洁，所以对初学者来说 Python 更容易学习。

● 用 VBA 对当前 Excel 工作簿中的内容进行操作会比较方便，但对多个工作簿或不同格式文件的控制就要比 Python 复杂，如批量修改某一文件夹下的 Excel 工作簿名，用 Python 会方便很多。因此，使用 Python 能让自动化办公的实现范围更广、过程更轻松。

● 当数据量很大时，Python 的处理速度更快。

● Python 拥有一个丰富的模块库，用户通过编写简单的代码就能直接调用这些模块实现复杂的功能，快速解决实际工作中的问题，而无须自己从头开始编写复杂的代码。简单来说就是能“拿来就用”，这也是 Python 最大的一个魅力。

1.2　Python 编程环境的搭建

俗话说得好：“工欲善其事，必先利其器。”要将 Python 与 Excel 结合使用，在安装好 Excel 的基础上还需要在计算机中搭建一个 Python 的编程环境，这样才能编写和运行 Python 代码。本节将介绍两种搭建 Python 编程环境的方法。

1.2.1　安装 Python 官方的编程环境 IDLE

IDLE 是 Python 的官方安装包中自带的一个集成开发与学习环境，它可以创建、运行和调试 Python 程序。对初学者来说，IDLE 无须进行烦琐的配置，使用起来非常简单和方便。Python 的官方安装包按照适用的操作系统分为多种类型，因此，在安装前要先清楚自己的计算机上运行的操作系统是哪种类型，再下载对应的安装包。

步骤01 以 Windows 操作系统为例，❶单击桌面左下角的“开始”按钮，❷在打开的“开始”菜单中单击“Windows 系统”，❸在展开的列表中单击“控制面板”选项，如下图所示。

步骤02 在打开的“控制面板”窗口中单击“系统”图标，❶可以看到当前操作系统为 Windows 10，❷“系统类型”为 64 位操作系统，如下图所示。

步骤03 了解操作系统的信息后，就可以去 Python 的官网下载 Python 安装包了。❶打开浏览器，在地址栏中输入网址“https://www.python.org”，按【Enter】键，进入 Python 官网，❷单击“Downloads”按钮，❸在展开的列表中可看到多个系统类型，此处选择“Windows”，如下图所示。

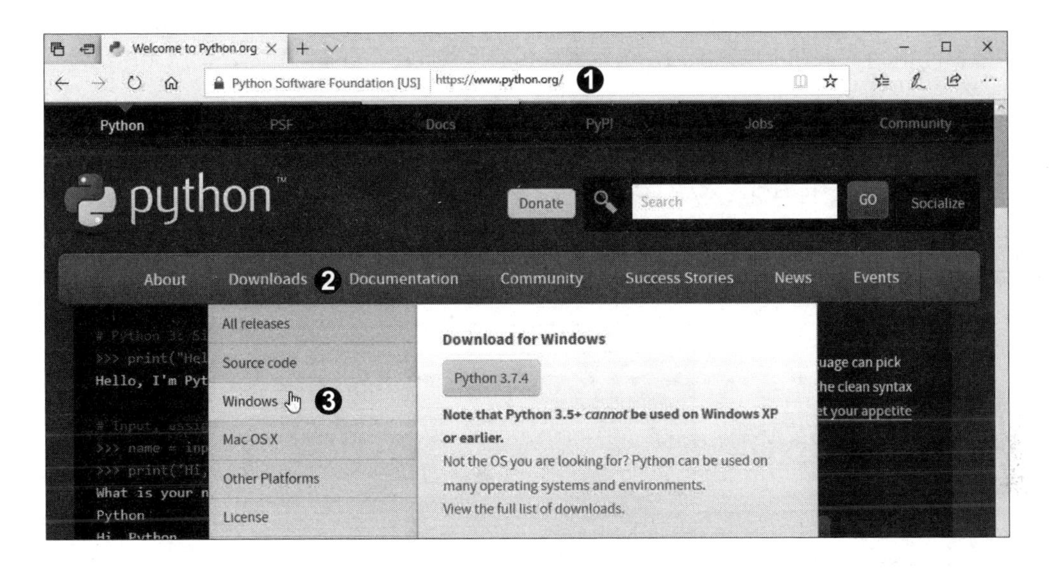

步骤04 进入下载安装包的页面，可看到 Python 的两个安装版本及各个版本下的多个安装包。此处以 Python 3.7.4 版本为例，介绍下载 Python 安装包的方法。❶因为前面查看到的操作系统类型是 64 位的 Windows，所以在 Python 3.7.4 版本下单击“Download Windows x86-64 executable installer”链接。如果操作系统类型为 32 位，则单击“Download Windows x86 executable installer”链接。❷单击链接后，在页面下方弹出的下载提示框中单击“保存”按钮，如下图所示，即可开始下载 Python 的安装包。

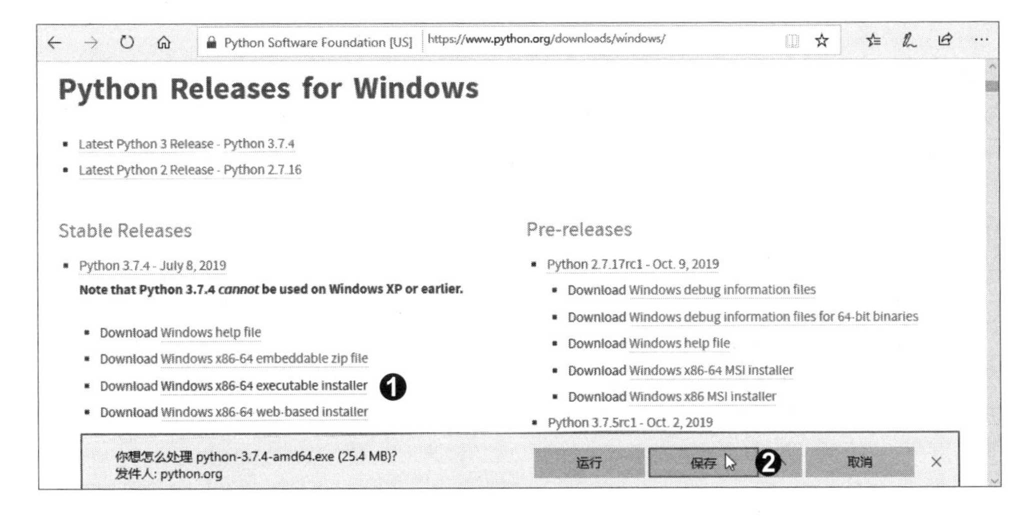

步骤05 等 Python 安装包下载完成后，进入安装包的下载位置，可看到如下左图所示的以“.exe”为扩展名的安装包文件。

步骤06 双击下载好的 Python 安装包（也可以在步骤 04 中直接单击下载提示框中的“运行”按钮），❶在打开的程序安装窗口中勾选“Add Python 3.7 to PATH”复选框。如果要将程序安装在 C 盘的默认路径下，直接单击“Install Now（现在安装）”按钮。❷如果想要改变安装路径，可单击“Customize installation（自定义安装）”按钮，如下右图所示。

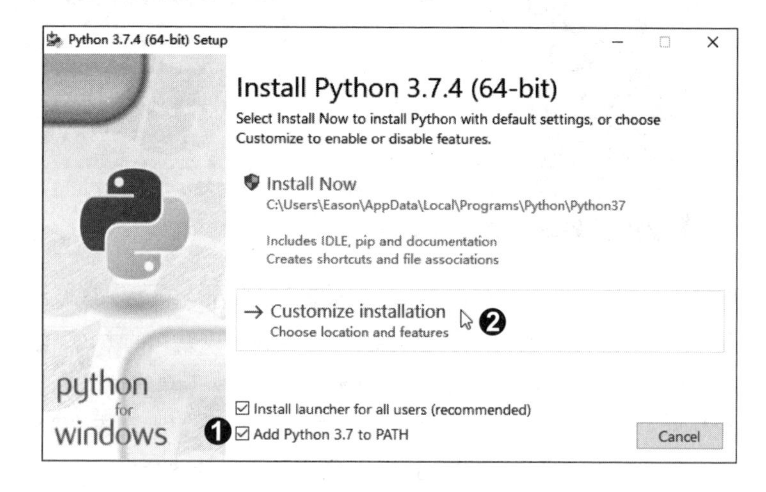

步骤07 跳转到下一个安装界面，不用更改任何设置，直接单击右下角的“Next”按钮。继续跳转到另一个界面，❶在界面中可单击“Browse（浏览）”按钮，在打开的对话框中设置自定义安装路径，也可以直接在文本框中输入自定义的安装路径。❷然后单击“Install（安装）”按钮，如右图所示，即可看到 Python 的安装进度。

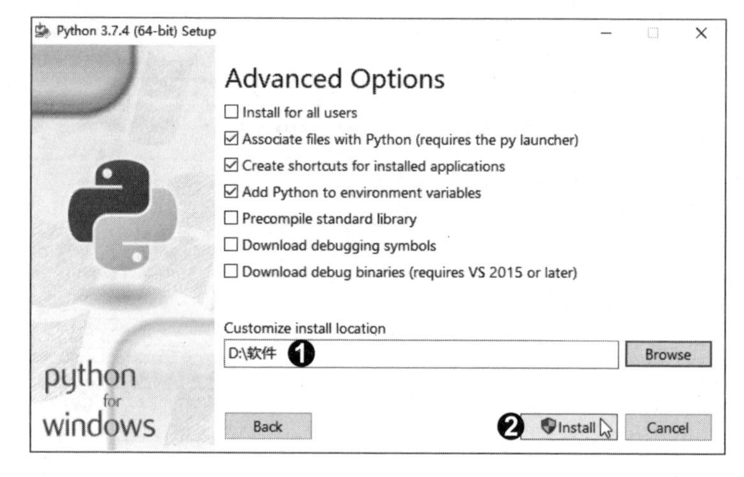

步骤 08 等待一段时间，❶如果看到“Setup was successful”的提示文字，说明 Python 已安装成功，❷单击“Close”按钮，如右图所示，完成安装。

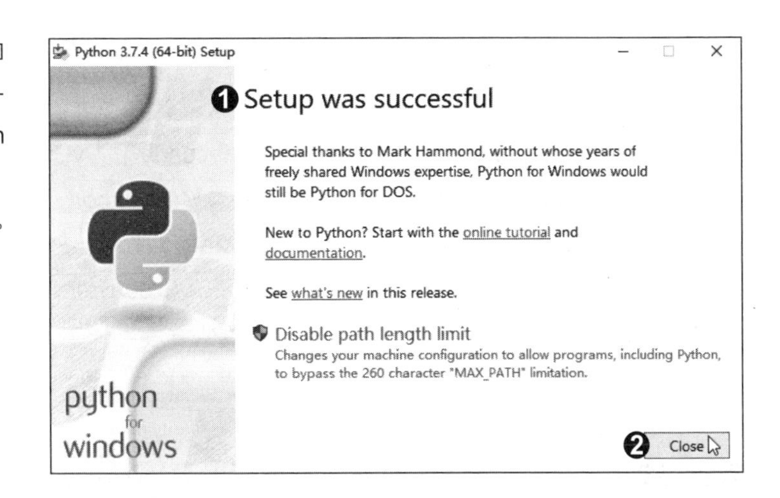

步骤 09 完成安装后就可以启动 IDLE。❶单击桌面左下角的“开始”按钮，❷在打开的“开始”菜单中单击“Python 3.7”文件夹，❸在展开的列表中单击“IDLE（Python 3.7 64-bit）”选项，如右图所示。

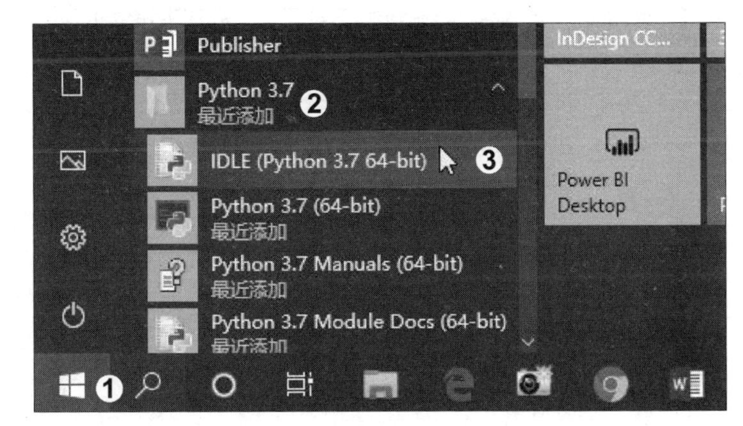

步骤 10 随后会打开一个名为“Python 3.7.4 Shell”的窗口，如右图所示。在该窗口中有一个“>>>”符号，称为提示符，在提示符的后面就可以输入代码。需要注意的是，在输入代码时一定要将输入法切换至英文模式。

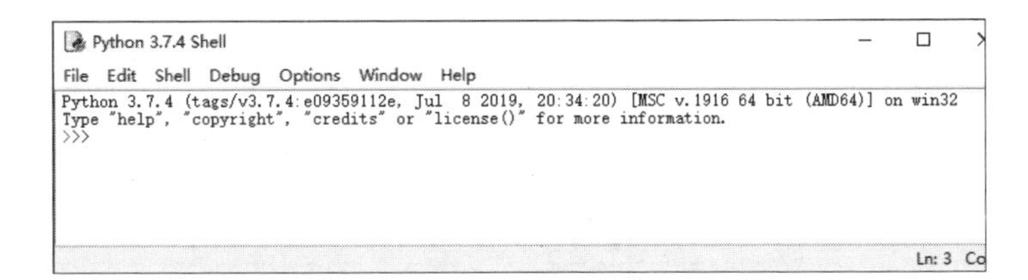

1.2.2 安装与配置 Anaconda 和 PyCharm

一般情况下，Python 的 IDLE 就可以满足大多数初学者的基本编程需求。但如果想要在处理日常事务时更加高效，本书推荐搭配使用 Anaconda 和 PyCharm。Anaconda 是 Python 的一个发行版本，安装好了 Anaconda 就相当于安装好了 Python，并且它里面还集成了很多大数据分析与科学计算的第三方模块，如 NumPy、Matplotlib 等。PyCharm 则是一款 Python 代码编辑器，它比 Anaconda 自带的两款编辑器 Spyder 和 Jupyter Notebook 更好用。下面就一起来学习 Anaconda 和 PyCharm 的下载、安装与设置方法。

1. 安装与配置 Anaconda

步骤01 ❶打开浏览器，在地址栏中输入网址“https://www.anaconda.com/products/individual”，按【Enter】键，进入 Anaconda 的下载页面，❷向下滚动页面，找到“Anaconda Installers”栏目，根据计算机操作系统的类型选择合适的安装包，此处以 64 位 Windows 操作系统为例，单击“Python 3.7”下方的“64-Bit Graphical Installer”链接，❸在页面下方弹出的下载提示框中单击“保存”按钮，如下图所示，即可开始下载 Anaconda 安装包。

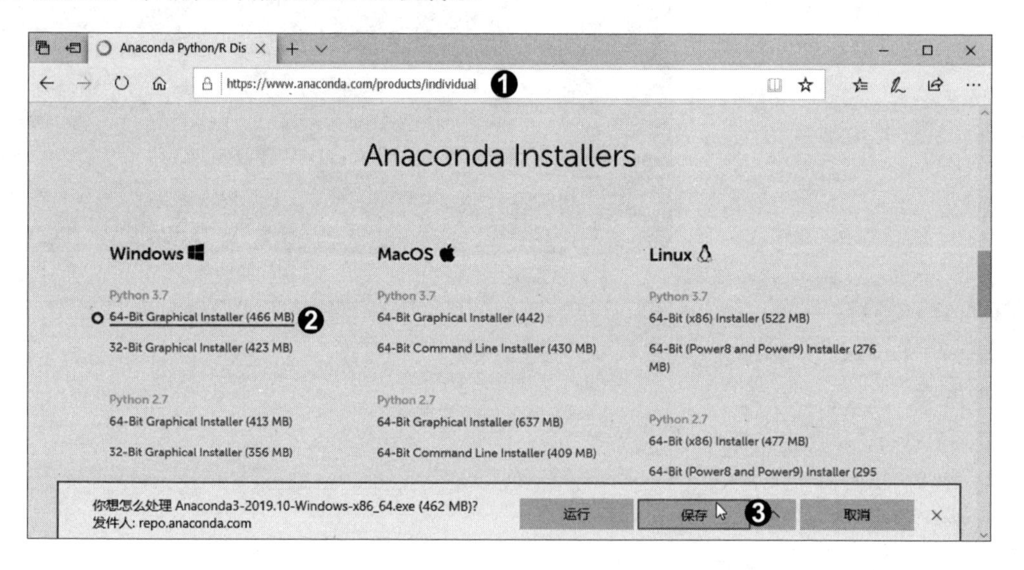

步骤02 双击下载好的安装包，在打开的安装界面中无须更改任何设置，直接进入下一步。如果要将程序安装在默认路径下，直接单击“Next”按钮，如右图所示。如果想要改变安装路径，可单击“Browse”按钮，在打开的对话框中选择安装路径。本书建议采用默认路径。

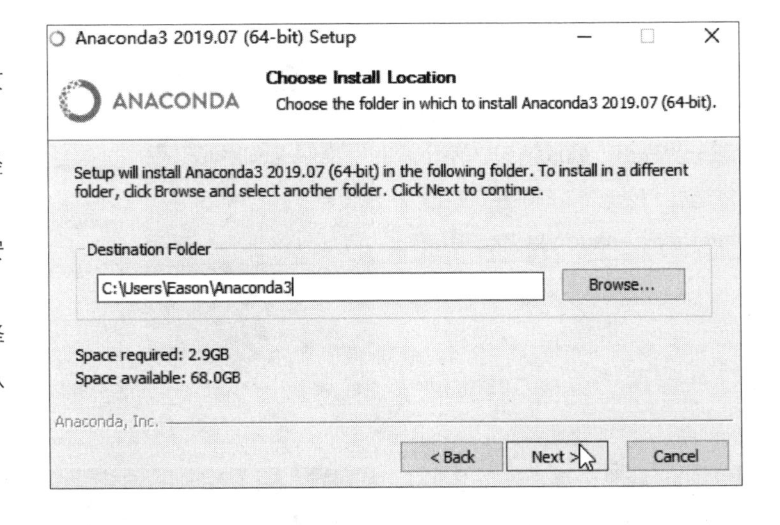

步骤03 ❶在新的安装界面中勾选“Advanced Options”选项组下的两个复选框，❷单击“Install”按钮，如右图所示。

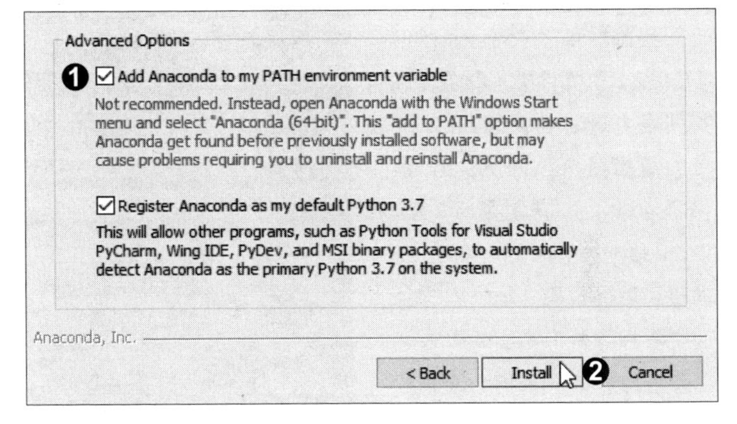

步骤04 即可看到 Anaconda 的安装进度，等待一段时间，❶如果窗口中出现“Installation Complete”的提示文字，说明 Anaconda 安装成功，❷直接单击“Next”按钮，如右图所示。

Anaconda3 2019.10 (64-bit) Setup
Installation Complete ❶
ANACONDA
Setup was completed successfully.
Completed
Show details
Anaconda, Inc.
< Back
Next > ❷
Cancel

步骤05 在后续的安装界面中也无须更改设置，直接单击“Next”按钮。跳转到如右图所示的界面，❶取消勾选两个复选框，❷单击“Finish”按钮，即可完成 Anaconda 的安装。

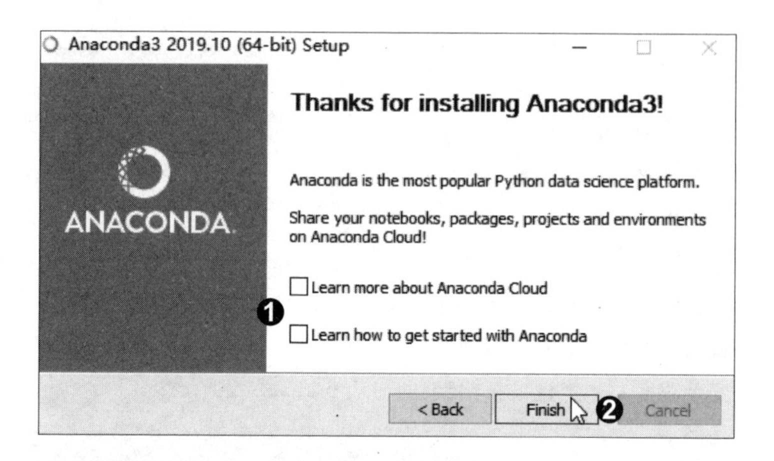

步骤06 ❶单击桌面左下角的“开始”按钮，❷在打开的“开始”菜单中单击“Anaconda3（64-bit）”文件夹，❸在展开的列表中可看到 Anaconda 自带的编辑器 Jupyter Notebook 和 Spyder，如右图所示。其中，Jupyter Notebook 可在线编辑和运行代码，是一款适合初学者和教育工作者的优秀编辑器。Spyder 则提供一些非常漂亮的可视化选项，可以让数据看起来更加简洁。

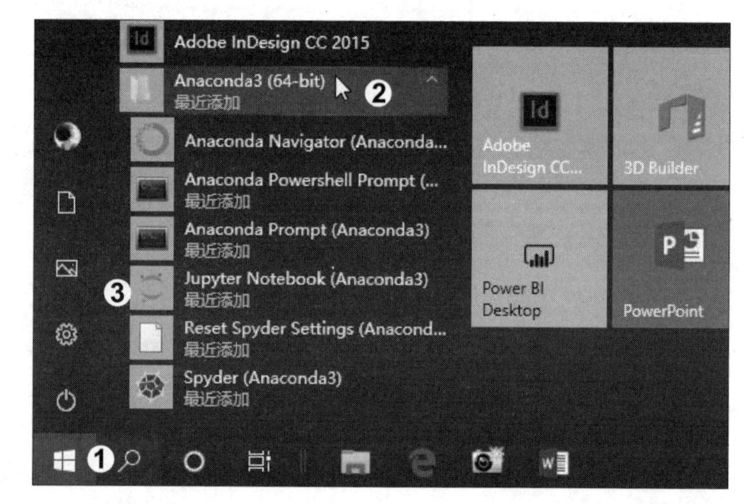

2. 安装与配置 PyCharm

步骤01 ❶在浏览器地址栏中输入网址“https://www.jetbrains.com/pycharm/download/#section=windows”，按【Enter】键，进入 PyCharm 的下载页面，❷单击免费的社区版本（Community）的“DOWNLOAD”按钮，如下图所示。需要注意的是，该页面默认下载适用于 Windows 操作系统的 PyCharm 安装包，如果操作系统是 macOS 或 Linux，则需要在下图中单击“macOS”或“Linux”，再单击“DOWNLOAD”按钮。在新页面下方弹出的下载提示框中单击“保存”按钮，即可开始下载 PyCharm 安装包。

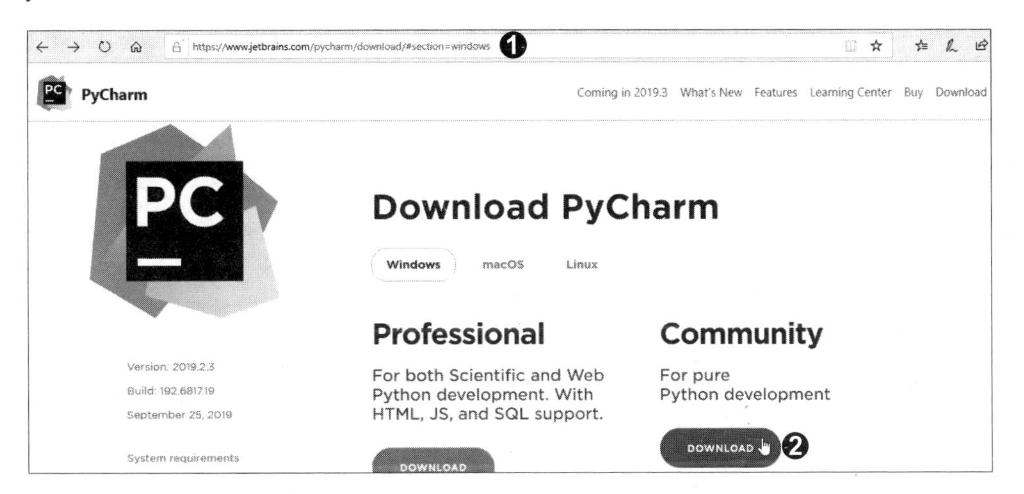

步骤 02 等 PyCharm 安装包下载完成后，进入安装包的下载位置，可看到如下左图所示的以“.exe”为扩展名的 PyCharm 安装包文件，双击该安装包，然后在打开的程序安装界面中直接单击“Next”按钮。

步骤 03 跳转到新的安装界面，这里需要设置安装路径，本书建议使用默认的安装路径。如果需要修改安装路径，❶单击“Browse（浏览）”按钮，在打开的对话框中设置自定义的安装路径，也可以直接在文本框中输入自定义的安装路径。❷然后单击“Next”按钮，如下右图所示。

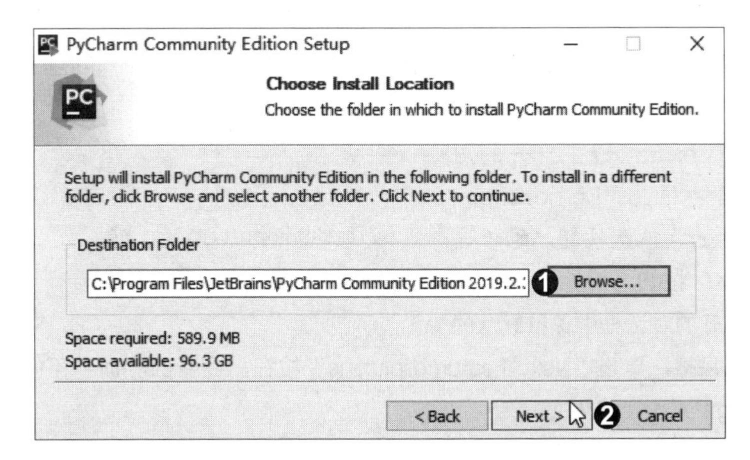

步骤 04 ❶在新的安装界面中勾选“64-bit launcher”复选框，❷然后勾选“.py”复选框，❸单击“Next”按钮，如右图所示。由于最新的 PyCharm 版本不再支持 32 位操作系统，如果计算机的操作系统是 32 位，则需要在步骤 01 的下载页面左侧单击“Other versions”链接，然后在新的页面中下载支持 32 位操作系统的版本，如 2018.3 版的 PyCharm。

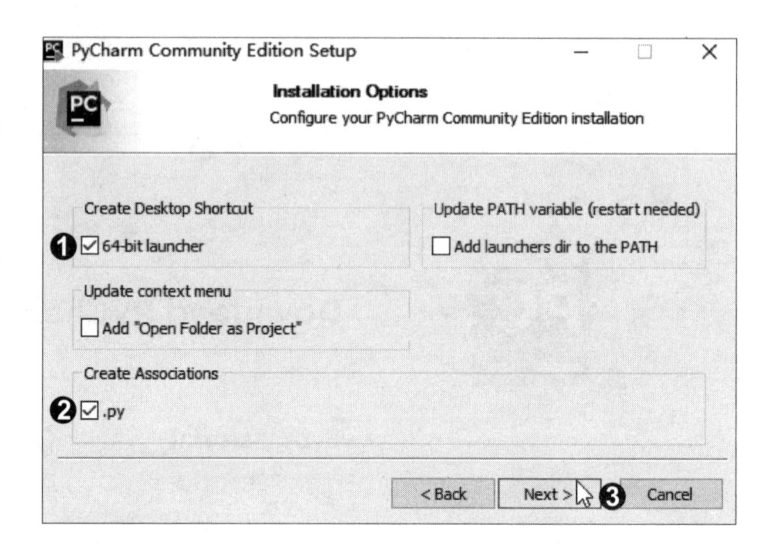

步骤 05 在新的安装界面中不做任何设置，直接单击“Install（安装）”按钮，如右图所示。随后可看到 PyCharm 的安装进度，安装完成后单击“Finish”按钮结束安装。

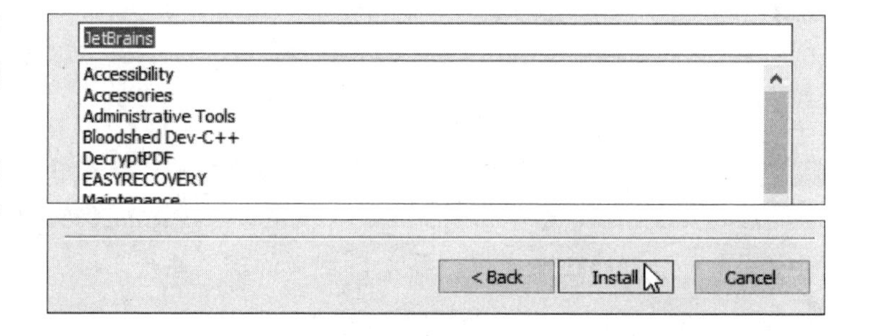

步骤 06 首次启用 PyCharm 时需要进行一些初始设置。运行 PyCharm，❶在打开的对话框中单击“Do not import settings”单选按钮，❷单击“OK”按钮，如右图所示。在打开的对话框中保持默认的黑色风格，单击“Next: Featured plugins”按钮，在新的界面中不做任何设置，直接单击“Start using PyCharm”按钮。

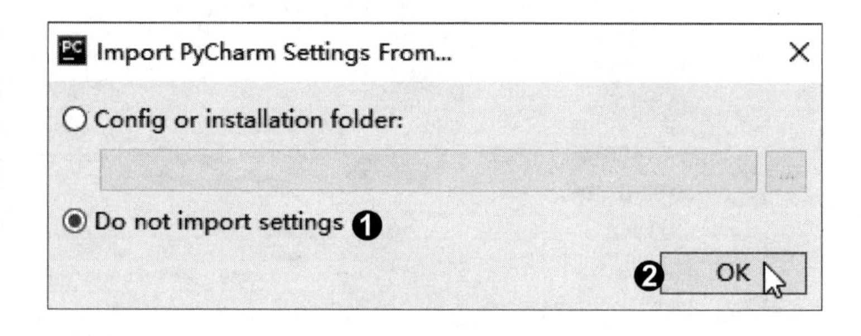

步骤07 完成设置后，在界面中单击“Create New Project”按钮，创建 Python 项目文件，如右图所示。

步骤08 ❶在新界面的“Location”后设置项目文件夹的位置和名称，此处设置为“E:\Python”，❷单击下方的折叠按钮，❸在展开的列表中单击“Existing interpreter”单选按钮，此时“Interpreter”显示为“<No interpreter>”，表示 PyCharm 没有关联 Python 解释器，❹所以需要单击“Interpreter”右侧的■按钮，如右图所示。

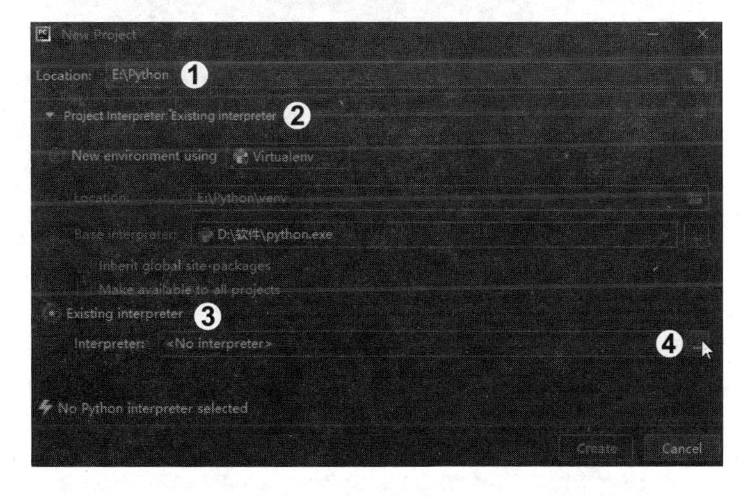

步骤09 ❶在打开的对话框中单击“System Interpreter”选项，❷此时右侧的“Interpreter”列表框中自动列出了一个 Python 解释器，因为该解释器不是我们需要的，所以单击下三角按钮，❸在展开的列表中选择 Anaconda 中的 Python 解释器，如右图所示。最后单击“OK”按钮。

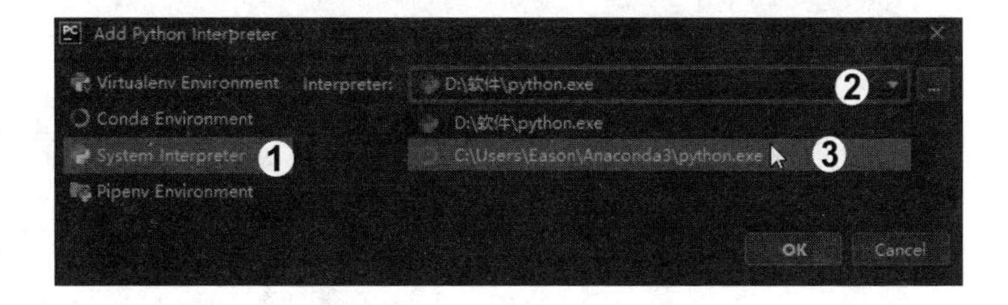

步骤 10 返回项目文件的创建界面，❶可看到“Interpreter”后显示了前面设置的 Python 解释器，❷单击“Create”按钮，如下图所示。随后等待界面跳转，在出现提示信息后，直接单击“Close”按钮，然后等待 Python 运行环境配置完成即可。

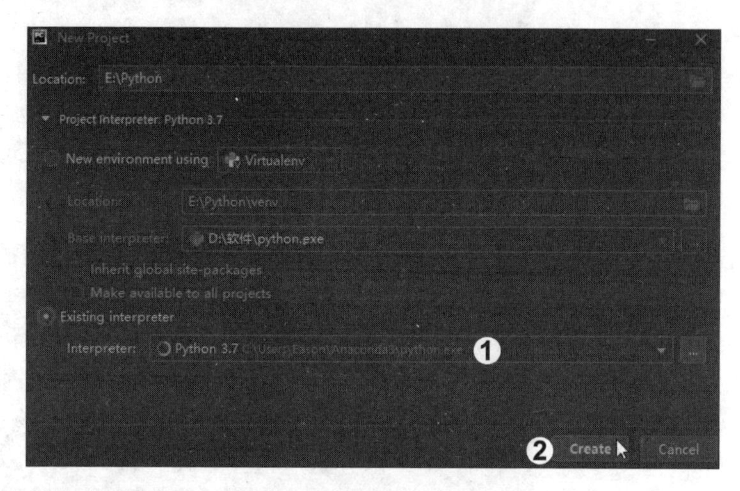

步骤 11 完成配置后就可以开始编程。❶右击步骤 08 中创建的项目文件夹“Python”，❷在弹出的快捷菜单中单击“New>Python File”命令，如下图所示。在弹出的“New Python file”对话框中输入新建的 Python 文件的名称，如“hello world”，选择文件类型为“Python file”，按【Enter】键确认。

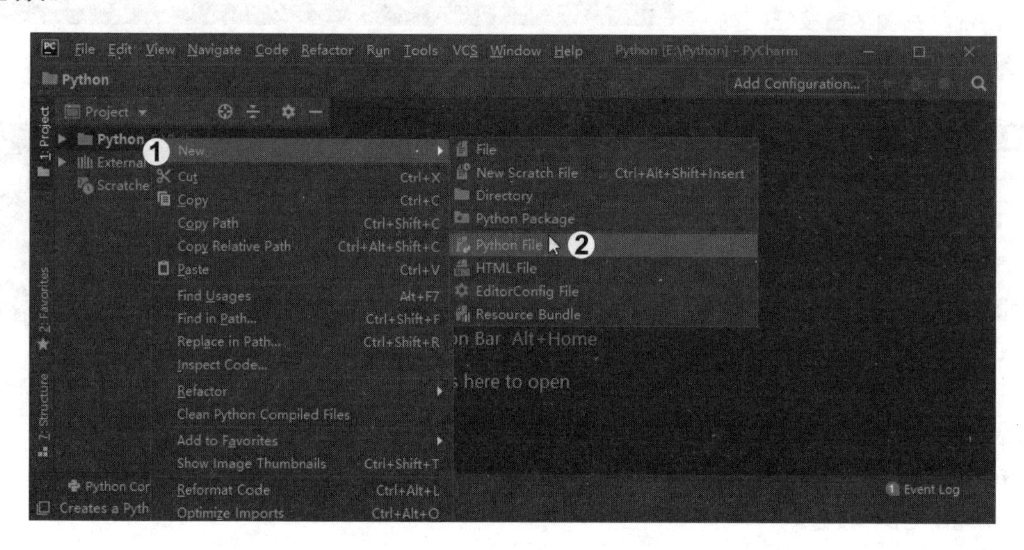

步骤 12 文件创建成功后，进入如下图所示的界面，此时便可以编写程序了。❶在代码编辑区中输入代码“print('hello world')”，然后右击代码编辑区的空白区域或代码文件的标题栏，❷在弹出的快捷菜单中单击“Run 'hello world'”命令。如果右击后没有看到“Run 'hello world'”命令，则说明步骤 10 中的 Python 运行环境配置还没有完成，需等待几分钟后再右击。

步骤 13 随后在界面的下方可看到程序的运行结果“hello world”，如下图所示。

步骤14 在编写代码时，如果想要设置代码的字体大小和行距，❶单击菜单栏中的“File”按钮，❷在展开的菜单中单击“Settings”命令，如右图所示。

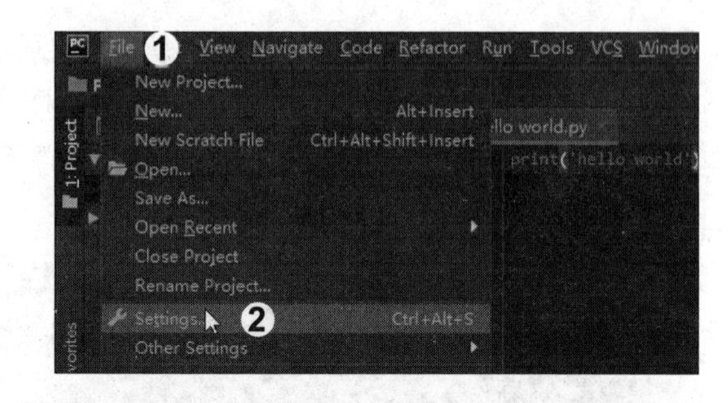

步骤15 ❶在弹出的对话框中单击“Editor”左侧的折叠按钮，❷在展开的列表中单击“Font”选项，❸在右侧界面的“Size”和“Line spacing”文本框中更改数值大小，即可调整代码的字体大小和行距，如右图所示。完成设置后单击“OK”按钮。

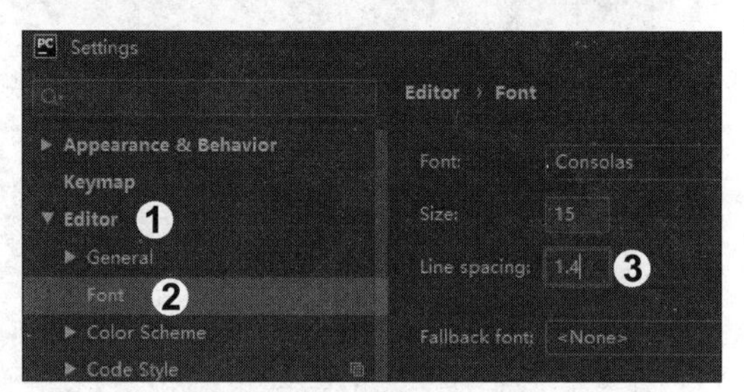

提 示

初学者最好不要同时安装 IDLE 和 Anaconda，以免在安装模块时出现混乱。本书建议只安装 Anaconda 和 PyCharm。

1.3 Python 的模块

在前面提过 Python 最大的一个魅力是可以直接调用很多模块。下面就来具体了解 Python 的模块，并详细介绍模块的安装方法。

1.3.1 初识模块

如果要在多个程序中重复实现某一个特定功能，那么能不能直接在新程序中调用自己或他人已经编写好的代码，而不用在新程序中重复编写功能类似的代码呢？答案是肯定的，这就要用到 Python 中的模块。模块也可以称为库或包，简单来说，每一个以“.py”为扩展名的文件都可以称为一个模块。Python 的模块主要分为下面 3 种。

1. 内置模块

内置模块是指 Python 自带的模块，如 sys、time、math 等。

2. 第三方的开源模块

通常所说的模块就是指开源模块，这类模块是由一些程序员或企业开发并免费分享给大家使用的，通常能实现某一个大类的功能。例如，本书中讲到的 xlwings 模块就是专门用于控制 Excel 的模块。

Python 之所以能风靡全球，其中一个很重要的原因就是它拥有很多第三方的开源模块，当我们要实现某种功能时就无须绞尽脑汁地编写基础代码，而是可以直接调用这些开源模块。第三方模块在使用前一般需要用户自行安装，而有些第三方模块会在安装编辑器（如 PyCharm）时自动安装好。

3. 自定义模块

Python 用户可以将自己编写的代码或函数封装成模块，以方便在编写其他程序时调用，这样的模块就是自定义模块。需要注意的是，自定义模块不能和内置模块重名，否则将不能再导入内置模块。

1.3.2 模块的安装

上述 3 种模块中最常用的就是内置模块和第三方的开源模块，并且第三方的开源模块在使用前需要安装。模块有两种常用的安装方式：一种是使用 pip 命令安装；一种是通过编辑器（如 PyCharm）安装。下面以 xlwings 模块为例，介绍模块的两种安装方法。

1. 用 pip 命令安装模块

pip 是 Python 官方的编程环境提供的一个命令，主要功能就是安装和卸载第三方模块。用 pip 命令安装模块的方法最简单也最常用，这种方法默认将模块安装在 Python 安装目录中的“site-packages”文件夹下。下面来学习用 pip 命令安装模块的具体方法。

步骤01 按快捷键【Win+R】，❶在打开的“运行”对话框中输入“cmd”，❷再单击“确定”按钮，如下左图所示。此时会打开一个命令行窗口，❸输入命令“pip install xlwings”，如下右图所示。命令中的“xlwings”就是需要下载的模块名称，如果需要下载其他模块，可以将其修改为相应的模块名称。

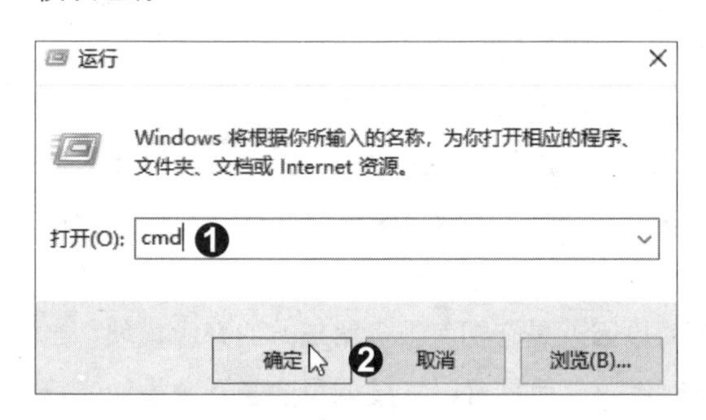

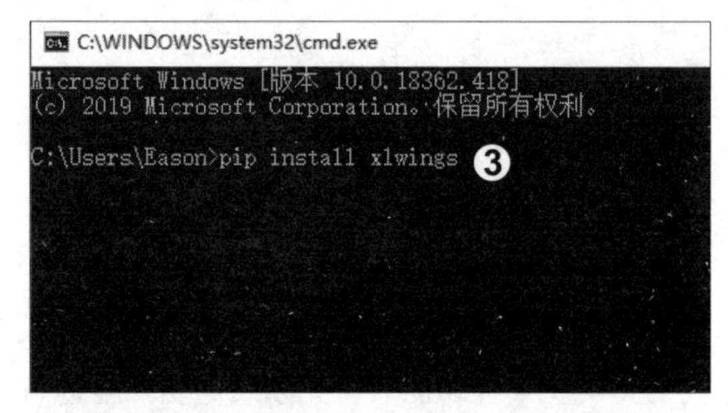

步骤02 按【Enter】键，等待一段时间，如果出现“Successfully installed”的提示文字，说明模块安装成功，如右图所示。之后在编写 Python 代码时，就可以使用 xlwings 模块中的函数了。

技巧 通过镜像服务器安装模块

pip 命令下载模块时默认访问的服务器设在国外，速度不稳定，可能会导致安装失败，大家也可以通过国内的一些企业、院校、科研机构设立的镜像服务器来安装模块。例如，从清华大学的镜像服务器安装 xlwings 模块的命令为“pip install xlwings -i https://pypi.tuna.tsinghua.edu.cn/simple”。命令中的“-i”是一个参数，用于指定 pip 命令下载模块的服务器地址；“https://pypi.tuna.tsinghua.edu.cn/simple”则是由清华大学设立的模块镜像服务器的地址，更多镜像服务器的地址读者可以自行搜索。

2. 在 PyCharm 中安装模块

如果使用的编辑器是 PyCharm，也可以直接在 PyCharm 中安装模块。下面仍以 xlwings 模块为例，详细介绍在 PyCharm 中安装模块的方法。

步骤01 启动 PyCharm，❶单击菜单栏中的“File”按钮，❷在展开的菜单中单击“Settings”命令，如下图所示。

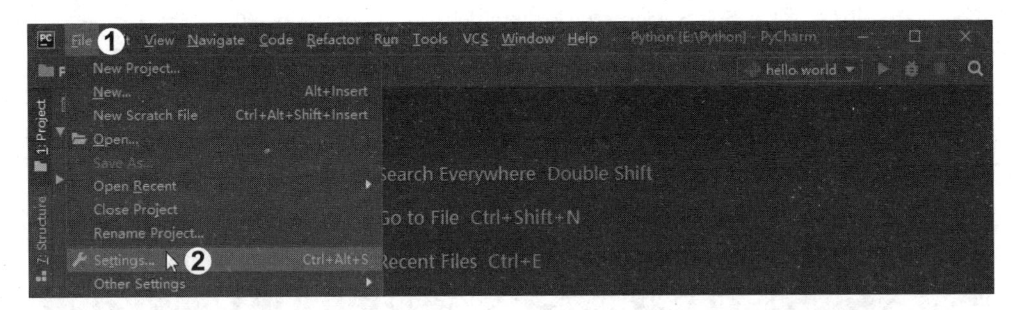

步骤02 ❶在打开的“Settings”对话框中单击“Project: Python”左侧的折叠按钮，❷在展开的列表中单击“Project Interpreter”选项，❸在右侧的界面中可看到 PyCharm 自带的模块，❹单击右侧的 + 按钮，如下图所示。

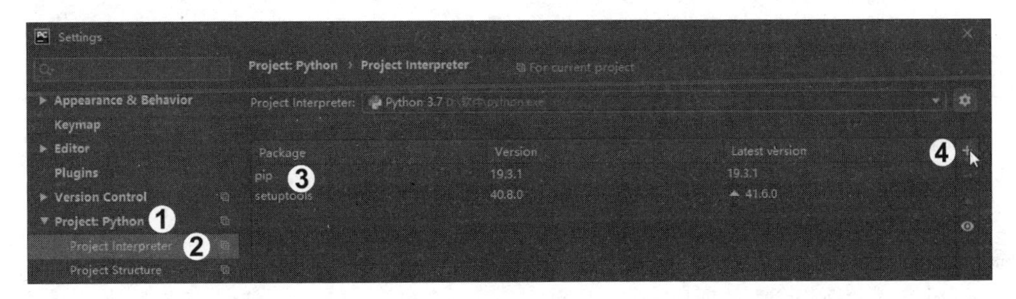

步骤03 ❶在打开的对话框中输入模块名，如“xlwings”，按【Enter】键，❷在搜索结果中选择要安装的模块，❸单击左下角的“Install Package”按钮，如下图所示。安装完成后关闭对话框。

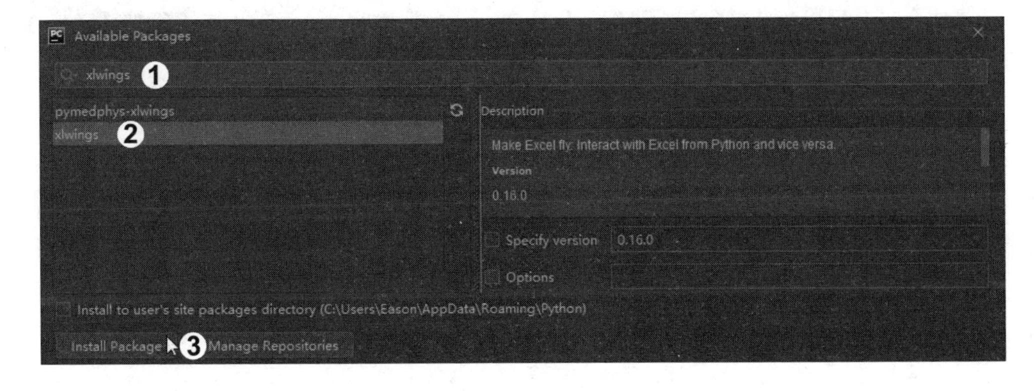

步骤04 此时在“Project Interpreter”选项右侧的界面中可看到安装好的 xlwings 模块，如下图所示。单击“OK”按钮，完成 xlwings 模块的安装。需要注意的是，在安装某些模块时，有可能会同时安装一些附带的模块，如在安装 xlwings 模块时，会同时安装 comtypes 和 pywin32 模块。

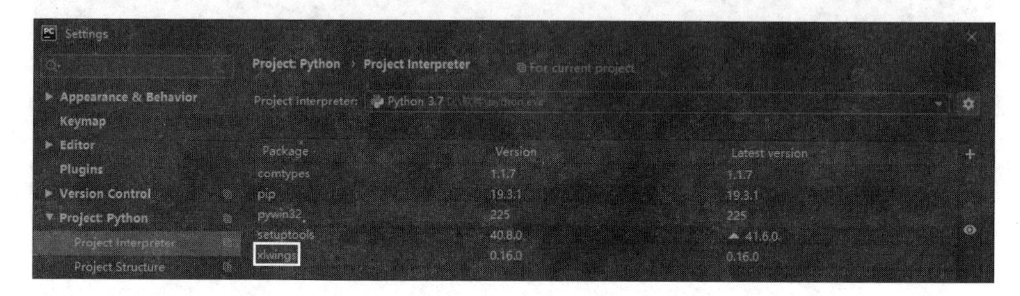

1.4 让 Excel 飞一下

◎ 代码文件：让Excel飞一下.py

学习完 Python 编程环境的搭建和模块的安装，大家是不是已经迫不及待，想要马上开始编程了呢？本节就来编写一个小程序，让大家实际感受一下 Python 的强大之处。

步骤01 启动 PyCharm，执行菜单命令“File>New Project”，按照 1.2.2 节步骤 08 ～ 11 的方法，❶新建一个名为“Python”的项目，❷在项目中新建一个名为“让 Excel 飞一下”的 Python 文件，❸然后在代码编辑区输入如下图所示的代码。它表示在“E:\example\01\ 员工信息表”文件夹（这个文件夹需提前创建好）下新建 20 个 Excel 工作簿，其名称分别为“分公司 1”“分公司 2”……代码的具体含义在后续章节中会详细讲解。代码要一行一行地输入，每输入完一行按【Enter】键换行。第 4 ～ 6 行代码前各有一个缩进，可以按【Tab】键来实现。

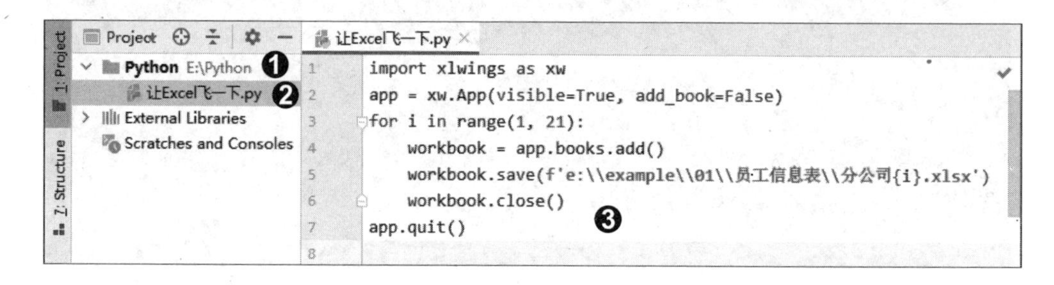


```
import xlwings as xw
app = xw.App(visible=True, add_book=False)
for i in range(1, 21):
    workbook = app.books.add()
    workbook.save(f'e:\\example\\01\\员工信息表\\分公司{i}.xlsx')
    workbook.close()
app.quit()
```

步骤02 代码输入完毕后，❶右击代码编辑区的空白区域或代码文件的标题栏，❷在弹出的快捷菜单中单击“Run '让 Excel 飞一下 '”命令，如下图所示。

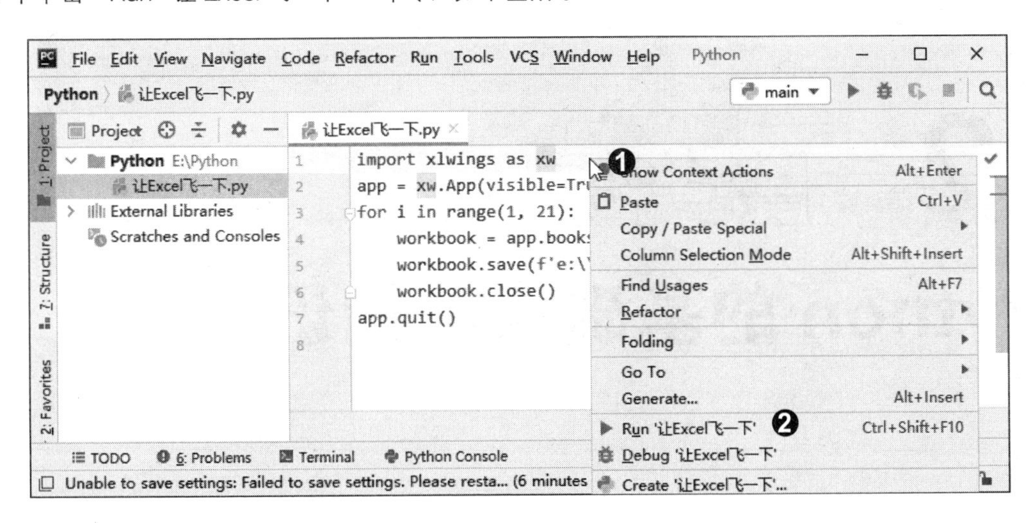

步骤03 随后程序会开始运行，运行结束后，在指定文件夹中就能看到新建的 20 个 Excel 工作簿，如下图所示。

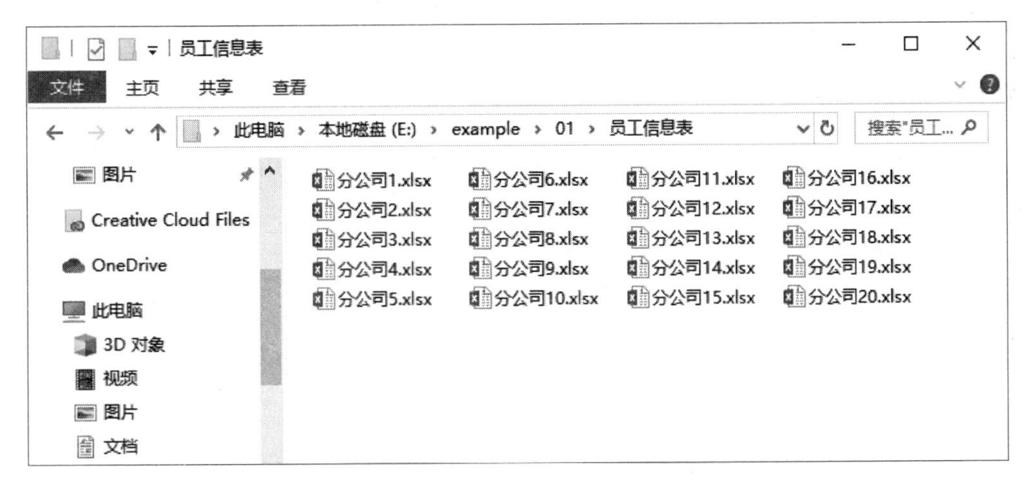

如果需要新建更多工作簿，大家可以试一试将第 3 行代码中的参数值 21 改为更大的数值。这个例子只有短短 7 行代码，却非常直观地展示了 Python 和 Excel“强强联手”能给我们的工作带来多么大的便利。随着学习的深入，相信大家还会越来越深刻地体会到这一点。

第 2 章

Python 的基础语法知识

学习任何一门编程语言都必须掌握其语法知识，Python 也不例外。为了让之后的学习更加游刃有余，本章将深入浅出地介绍 Python 的基础语法知识，包括变量、数据类型、运算符、编码基本规范、控制语句和函数，请大家一定要好好掌握。

2.1 变量

简单来说，变量是一个代号，它代表的是一个数据。在 Python 中，定义一个变量的操作包含两个步骤：首先要为变量起一个名字，称为变量的命名；然后要为变量指定其所代表的数据，称为变量的赋值。这两个步骤在同一行代码中完成。

变量的命名要遵循如下规则：

● 变量名可以由任意数量的字母、数字、下划线组合而成，但是必须以字母或下划线开头，不能以数字开头。本书建议用英文字母开头，如 a、b、c、a_1、b_1 等。

● 不要用 Python 的关键字或内置函数来命名变量。例如，不要用 print 来命名变量，因为它与内置函数 print() 重名。

● 变量名对英文字母区分大小写。例如，D 和 d 是两个不同的变量。

● 建议使用英文字母和数字来组成变量名，并且变量名要有一定的意义，能够直观地描述变量所代表的数据内容。

变量的赋值用等号“=”来完成，“=”的左边是一个变量，右边是该变量所代表的值。Python 有多种数据类型（将在 2.2 节和 2.3 节详细介绍），但在定义变量时并不需要指明变量的数据类型，在变量赋值的过程中，Python 会自动根据所赋的值的类型来确定变量的数据类型。

定义变量的演示代码如下：

```
1  x = 10
2  print(x)
3  y = x + 15
4  print(y)
```

上述代码中的 x 和 y 就是变量。第 1 行代码表示定义一个名为 x 的变量，并赋值为 10；第 2 行代码表示输出变量 x 的值；第 3 行代码表示定义一个名为 y 的变量，并将变量 x 的值与 15 相加后的结果赋给变量 y；第 4 行代码表示输出变量 y 的值。代码的运行结果如下：

```
1  10
2  25
```

第 2 行和第 4 行代码中用到的 print() 函数是 Python 的一个内置函数，用于输出信息，以后会经常用这个函数来输出结果。

2.2 数据类型：数字与字符串

Python 中有 6 种基本数据类型：数字、字符串、列表、字典、元组和集合。其中前两种数据类型用得较多，因此本节先对它们进行讲解。

2.2.1 数字

数字又可以分为整型和浮点型两种。

Python 中的整型数字与数学中的整数一样，都是指不带小数点的数字，包括正整数、负整数和 0。整型的英文为 integer，简写为 int。下述演示代码中的数字都是整型数字：

```
1  a = 10
2  b = -80
3  c = 8500
4  d = 0
```

使用 print() 函数可以直接输出整数，演示代码如下：

```
1  print(10)
```

运行结果如下：

```
1  10
```

浮点型数字是指带有小数点的数字，英文为 float。下述演示代码中的数字就是浮点型数字：

```
1  a = 10.5
```

```
2  pi = 3.14159
3  c = -0.55
```

浮点型数字也可以用 print() 函数直接输出，演示代码如下：

```
1  print(10.5)
```

运行结果如下：

```
1  10.5
```

2.2.2 字符串

顾名思义，字符串就是由一个个字符连接起来的组合，组成字符串的字符可以是数字、字母、符号、汉字等。字符串的内容需置于一对引号内。引号可以是单引号、双引号或三引号，且必须是英文状态下的引号。字符串的英文为 string，简写为 str。演示代码如下：

```
1  print(520)
2  print('520')
```

运行结果如下：

```
1  520
2  520
```

输出的两个 520 看起来没有任何差别，但是前一个 520 是整型数字，可以参与加减乘除等算术运算；后一个 520 是字符串，不能参与加减乘除等算术运算，否则会报错。

1. 用单引号定义字符串

如果要输出“明天更美好”这样的文本内容，可以使用下面的代码实现：

```
1  print('明天更美好')
```

运行结果如下：

```
1  明天更美好
```

2. 用双引号定义字符串

定义字符串不仅能使用单引号，还能使用双引号，两者的效果是一样的。演示代码如下：

```
1  print("明天更美好")
```

运行结果如下：

```
1  明天更美好
```

需要注意的是，定义字符串时使用的引号必须统一，不能混用，即一对引号必须都是单引号或双引号，不能一个是单引号，另一个是双引号。有时一行代码中会同时出现单引号和双引号，就要注意区分哪些引号是定义字符串的引号，哪些引号是字符串的内容。演示代码如下：

```
1  print("Let's go")
```

运行结果如下：

```
1  Let's go
```

上述代码中的双引号是定义字符串的引号，不会被 print() 函数输出，而其中的单引号则是字符串的内容，因而会被 print() 函数输出。

3. 用三引号定义字符串

除了单引号和双引号之外，在定义字符串时还可以使用三引号，也就是 3 个连续的单引号或双引号。演示代码如下：

```
print('''2020,
一起加油!
''')
```

运行结果如下：

```
2020,
一起加油!
```

可以看到，三引号中的字符串内容是可以换行的。如果只想使用单引号或双引号来定义字符串，但又想在字符串中换行，可以使用转义字符 \n，演示代码如下：

```
print('2020,\n一起加油!')
```

运行结果如下：

```
2020,
一起加油!
```

除了 \n 之外，转义字符还有很多，它们的共同特征是：

```
反斜杠+想要实现的转义功能首字母
```

有时转义字符会在编程时给我们带来一些麻烦。例如，我们想输出一个文件路径，代码如下：

```
print('d:\number.xlsx')
```

运行结果如下：

```
d:
umber.xlsx
```

这是因为 Python 将路径字符串中的 \n 视为一个转义字符了。为了正确输出该文件路径，可以将上述代码修改为如下两种形式：

```
1  print(r'd:\number.xlsx')
2  print('d:\\number.xlsx')
```

第 1 行代码通过在字符串的前面增加一个字符 r 来取消转义字符 \n 的换行功能；第 2 行代码则是将路径中的“\”改为“\\”，“\\”也是一个转义字符，它代表一个反斜杠字符“\”。

运行结果如下：

```
1  d:\number.xlsx
2  d:\number.xlsx
```

2.2.3 数据类型的查询

如果不知道如何判断数据的类型，可以使用 Python 内置的 type() 函数来查询数据的类型。该函数的使用方法很简单，只需把要查询的内容放在括号里。演示代码如下：

```
1  name = 'Tom'
2  number = '88'
3  number1 = 88
4  number2 = 55.2
5  print(type(name))
6  print(type(number))
7  print(type(number1))
8  print(type(number2))
```

运行结果如下：

```
1  <class 'str'>
```

```
2 <class 'str'>
3 <class 'int'>
4 <class 'float'>
```

从运行结果可以看出，变量 name 和 number 的数据类型都是字符串（str），变量 number1 的数据类型是整型数字（int），变量 number2 的数据类型是浮点型数字（float）。

2.2.4 数据类型的转换

如果想要转换某个数据的类型，可以通过 str() 函数、int() 函数和 float() 函数来实现。

1. str() 函数

str() 函数能将数据转换成字符串，不管这个数据是整型数字还是浮点型数字，只要将其放到 str() 函数的括号里，这个数据就能“摇身一变”，成为字符串。演示代码如下：

```
1 a = 88
2 b = str(a)
3 print(type(a))
4 print(type(b))
```

第 2 行代码表示用 str() 函数将变量 a 所代表的数据的类型转换为字符串，并赋给变量 b。第 3 行和第 4 行代码分别输出变量 a 和 b 的数据类型。运行结果如下：

```
1 <class 'int'>
2 <class 'str'>
```

从运行结果可以看出，变量 a 代表整型数字 88，而转换后的变量 b 则代表字符串 '88'。

2. int() 函数

既然整型数字能转换为字符串，那么字符串能转换为整型数字吗？当然是可以的，这就要用到 int() 函数。该函数的使用方法同 str() 函数一样，将需要转换的内容放在 int() 函数的括号里即可。演示代码如下：

```
1  a = '88'
2  b = int(a)
3  print(type(a))
4  print(type(b))
```

运行结果如下：

```
1  <class 'str'>
2  <class 'int'>
```

从运行结果可以看出，变量 a 代表字符串 '88'，而转换后的变量 b 则代表整型数字 88。

需要注意的是，内容不是标准整数的字符串，如 'C-3PO'、'3.14'、'98%'，不能被 int() 函数正确转换。

浮点型数字也可以被 int() 函数转换为整数，转换过程中的取整处理方式不是四舍五入，而是直接舍去小数点后面的数，只保留整数部分。演示代码如下：

```
1  print(int(5.8))
2  print(int(0.618))
```

运行结果如下：

```
1  5
2  0
```

3. float() 函数

float() 函数可以将整型数字和内容为数字（包括整数和小数）的字符串转换为浮点型数字。整型数字和内容为整数的字符串在用 float() 函数转换后会在末尾添加小数点和一个 0。演示代码如下：

```
pi = '3.14'
pi1 = float(pi)
print(type(pi))
print(type(pi1))
```

运行结果如下：

```
<class 'str'>
<class 'float'>
```

2.3　数据类型：列表、字典、元组与集合

列表（list）、字典（dictionary）、元组（tuple）和集合（set）都可以看成能存储多个数据的容器。前两者在 Python 中经常用到，后两者则用得相对较少。

2.3.1　列表

1. 列表入门

列表可以将多个数据有序地组织在一起，更方便地调用。例如，一个班级里有 5 名学生，如果需要用一个列表把他们的姓名存储在一起，可以采用如下代码：

```
class1 = ['丁一', '王二', '张三', '李四', '赵五']
```

从上述代码可以看出，定义一个列表的语法格式为：

```
列表名 = [元素1, 元素2, 元素3, ……]
```

列表的元素可以是字符串，也可以是数字，甚至可以是另一个列表。下面这行代码定义的列表就含有 3 种元素：数字 1、字符串 '123'、列表 [1, 2, 3]。

```
a = [1, '123', [1, 2, 3]]
```

利用 for 语句可以遍历列表中的所有元素，演示代码如下：

```
class1 = ['丁一', '王二', '张三', '李四', '赵五']
for i in class1:
    print(i)
```

运行结果如下：

```
丁一
王二
张三
李四
赵五
```

2. 统计列表的元素个数

如果需要统计列表的元素个数（又叫列表的长度），可以使用 len() 函数。len() 函数的语法格式如下：

```
len(列表名)
```

演示代码如下：

```
a = len(class1)
print(a)
```

列表 class1 有 5 个元素，所以代码的运行结果如下：

```
5
```

3. 提取列表的单个元素

如果要提取列表的单个元素，可以在列表名后加上“[序号]”，演示代码如下：

```
1  a = class1[1]
2  print(a)
```

运行结果如下：

```
1  王二
```

为什么 class1[1] 提取的不是 '丁一' 而是 '王二' 呢？因为在 Python 中序号都是从 0 开始的，所以 class1[0] 才是提取 '丁一'。如果想提取列表的第 5 个元素 '赵五'，其序号是 4，则相应的代码是 class1[4]。

4. 提取列表的多个元素——列表切片

如果想提取列表的多个元素，就要用到列表切片，其一般语法格式如下：

```
列表名[序号1:序号2]
```

其中，序号 1 的元素可以提取到，而序号 2 的元素则提取不到，俗称“左闭右开”。例如，提取上述 class1 中的第 2 ～ 4 个元素，因为第 2 个元素的序号为 1，第 5 个元素的序号为 4，所以演示代码如下：

```
1  class1 = ['丁一', '王二', '张三', '李四', '赵五']
2  a = class1[1:4]
3  print(a)
```

其中，序号为 1 的元素 '王二' 是可以取到的，而序号为 4 的元素 '赵五' 则是取不到的，所以运行结果如下：

```
1  ['王二', '张三', '李四']
```

当不确定列表元素的序号时，可以只写一个序号，演示代码如下：

```
1  class1 = ['丁一', '王二', '张三', '李四', '赵五']
2  a = class1[1:]  # 提取第2个元素到最后一个元素
3  b = class1[-3:]  # 提取倒数第3个元素到最后一个元素
4  c = class1[:-2]  # 提取倒数第2个元素之前的所有元素（因为“左闭右开”的特性，所以不包含倒数第2个元素）
5  print(a)
6  print(b)
7  print(c)
```

运行结果如下：

```
1  ['王二', '张三', '李四', '赵五']
2  ['张三', '李四', '赵五']
3  ['丁一', '王二', '张三']
```

5. 添加列表元素

用 append() 函数可以给列表添加元素，演示代码如下：

```
1  score = []  # 创建一个空列表
2  score.append(80)  # 用append()函数给列表添加一个元素
3  print(score)
4  score.append(90)  # 给列表再添加一个元素
5  print(score)
```

运行结果如下：

```
1  [80]
2  [80, 90]
```

6. 列表与字符串的相互转换

列表与字符串的相互转换在文本筛选中有很大的用处。将列表转换成字符串主要用的是 join() 函数，其语法格式如下：

```
'连接符'.join(列表名)
```

引号（单引号、双引号皆可）中的内容是元素之间的连接符，如“,”“;”等。

将 class1 转换成一个用逗号连接的字符串，演示代码如下：

```
1  class1 = ['丁一', '王二', '张三', '李四', '赵五']
2  a = ','.join(class1)
3  print(a)
```

运行结果如下：

```
1  丁一，王二，张三，李四，赵五
```

如果把第 2 行代码中的逗号换成空格，那么输出的就是“丁一 王二 张三 李四 赵五”。

将字符串转换为列表主要用的是 split() 函数，其语法格式如下：

```
字符串.split('分隔符')
```

使用空格作为分隔符，将字符串 'hi hello world' 拆分成列表的演示代码如下：

```
1  a = 'hi hello world'
2  print(a.split(' '))
```

运行结果如下：

```
1  ['hi', 'hello', 'world']
```

2.3.2 字典

字典是另一种存储数据的方式。例如，class1 里的每个人都有一个考试分数，若要把他们的姓名和分数一一匹配到一起，就需要用字典来存储数据。定义一个字典的基本语法格式如下：

```
字典名 = {键1:值1, 键2:值2, 键3:值3, ……}
```

字典的每个元素都由两个部分组成（而列表的每个元素只有一个部分），前一个部分称为键，后一个部分称为值，中间用冒号相连。

键相当于一把钥匙，值相当于一把锁，一把钥匙对应一把锁。那么对于 class1 里的每个人来说，一个人的姓名对应一个分数，相应的字典写法如下：

```
1 class1 = {'丁一': 85, '王二': 95, '张三': 75, '李四': 65, '赵五': 55}
```

提取字典中某个元素的值的语法格式如下：

```
字典名['键名']
```

例如，要提取 '王二' 的分数，演示代码如下：

```
1 score = class1['王二']
2 print(score)
```

运行结果如下：

```
1 95
```

如果想输出每个人的姓名和分数，代码如下：

```
1 class1 = {'丁一': 85, '王二': 95, '张三': 75, '李四': 65, '赵五': 55}
2 for i in class1:
3     print(i + ': ' + str(class1[i]))
```

这里的 i 是字典里的键，也就是 '丁一'、'王二' 等内容，class1[i] 则是键对应的值，即每个人的分数。因为分数为数字，所以在进行字符串拼接前需要先用 str() 函数转换为字符串。运行结果如下：

```
丁一: 85
王二: 95
张三: 75
李四: 65
赵五: 55
```

另一种遍历字典的方法是用字典的 items() 函数，代码如下：

```
class1 = {'丁一':85, '王二':95, '张三':75, '李四':65, '赵五':55}
a = class1.items()
print(a)
```

运行结果如下，items() 函数返回的是可遍历的 (键, 值) 元组数组。

```
dict_items([('丁一', 85), ('王二', 95), ('张三', 75), ('李四', 65),
('赵五', 55)])
```

2.3.3　元组和集合

元组和集合相对于列表和字典来说用得较少，因此这里只做简单介绍。

元组的定义和使用方法与列表非常类似，区别在于定义列表的符号是中括号 []，而定义元组的符号是小括号 ()，并且元组中的元素不可修改。元组的定义和使用的演示代码如下：

```
a = ('丁一', '王二', '张三', '李四', '赵五')
print(a[1:3])
```

运行结果如下，可以看到，元组的元素提取方法和列表是一样的。

```
1  ('王二', '张三')
```

集合是一个无序的不重复序列，也就是说，集合中不会有重复的元素。可使用大括号 {} 来定义集合，也可使用 set() 函数来创建集合，演示代码如下：

```
1  a = ['丁一', '丁一', '王二', '张三', '李四', '赵五']
2  print(set(a))
```

运行结果如下，可以看到，用 set() 函数获得的集合中自动删除了重复的元素。

```
1  {'丁一', '王二', '赵五', '张三', '李四'}
```

2.4 运算符

运算符主要用于将数据（数字和字符串）进行运算及连接。常用的运算符有算术运算符、字符串运算符、比较运算符、赋值运算符和逻辑运算符。

2.4.1 算术运算符和字符串运算符

算术运算符是最常见的一类运算符，其符号和含义见下表。

运算符	含义
+	加法运算符，计算两个数相加的和
-	减法运算符，计算两个数相减的差
*	乘法运算符，计算两个数相乘的积
/	除法运算符，计算两个数相除的商

续表

运算符	含义
**	幂运算符，计算一个数的某次方
//	取整除运算符，计算两个数相除的商的整数部分（舍弃小数部分，不做四舍五入）
%	取模运算符，常用于计算两个正整数相除的余数

“+”和“*”除了能作为算术运算符对数字进行运算，还能作为字符串运算符对字符串进行运算。“+”用于拼接字符串，“*”用于将字符串复制指定的份数，演示代码如下：

```
1  a = 'hello'
2  b = 'world'
3  c = a + ' ' + b
4  print(c)
5  d = 'Python' * 3
6  print(d)
```

运行结果如下：

```
1  hello world
2  PythonPythonPython
```

2.4.2　比较运算符

比较运算符又称为关系运算符，用于判断两个值之间的大小关系，其运算结果为 True（真）或 False（假）。比较运算符通常用于构造判断条件，以根据判断的结果来决定程序的运行方向。比较运算符的符号和含义见下表。

运算符	含义
>	大于运算符，判断运算符左侧的值是否大于右侧的值

续表

运算符	含义
<	小于运算符，判断运算符左侧的值是否小于右侧的值
>=	大于等于运算符，判断运算符左侧的值是否大于等于右侧的值
<=	小于等于运算符，判断运算符左侧的值是否小于等于右侧的值
==	等于运算符，判断运算符左右两侧的值是否相等
!=	不等于运算符，判断运算符左右两侧的值是否不相等

下面以“<”运算符为例，讲解比较运算符的运用效果，演示代码如下：

```
1  score = 10
2  if score < 60:
3      print('需要努力')
```

因为 10 小于 60，所以运行结果如下：

```
1  需要努力
```

需要注意的是，不要混淆“==”和“=”：“=”是赋值运算符，作用是给变量赋值；而“==”是比较运算符，作用是比较两个值（如数字）是否相等。演示代码如下：

```
1  a = 1
2  b = 2
3  if a == b:  # 注意这里是两个等号
4      print('a和b相等')
5  else:
6      print('a和b不相等')
```

此处 a 和 b 不相等，所以运行结果为：

```
1  a和b不相等
```

2.4.3 赋值运算符

赋值运算符其实在前面已经接触过，为变量赋值时使用的“=”便是赋值运算符的一种。赋值运算符的符号和含义见下表。

运算符	含义
=	简单赋值运算符，将运算符右侧的值分配给左侧
+=	加法赋值运算符，执行加法运算并将结果分配给左侧
-=	减法赋值运算符，执行减法运算并将结果分配给左侧
*=	乘法赋值运算符，执行乘法运算并将结果分配给左侧
/=	除法赋值运算符，执行除法运算并将结果分配给左侧
**=	幂赋值运算符，执行求幂运算并将结果分配给左侧
//=	取整除赋值运算符，执行取整除运算并将结果分配给左侧
%=	取模赋值运算符，执行取模运算并将结果分配给左侧

下面先以“+=”运算符为例，讲解赋值运算符的运用效果，演示代码如下：

```
1  price = 100
2  price += 10
3  print(price)
```

第 2 行代码表示将变量 price 的当前值（100）与 10 相加，再将计算结果重新赋给变量 price，相当于 price = price + 10。运行结果如下：

```
1  110
```

继续以“*=”运算符为例，进一步演示赋值运算符的运用效果，演示代码如下：

```
1  price = 100
2  discount = 0.5
3  price *= discount
4  print(price)
```

第 3 行代码表示先计算 100*0.5，再将计算结果赋给左侧的变量 price，所以运行结果如下：

```
1  50.0
```

2.4.4 逻辑运算符

逻辑运算符的运算结果也为 True（真）或 False（假），因而也通常用于构造判断条件来决定程序的运行方向。逻辑运算符的符号和含义见下表。

运算符	含义
and	逻辑与，只有该运算符左右两侧的值都为 True 时才返回 True，否则返回 False
or	逻辑或，只有该运算符左右两侧的值都为 False 时才返回 False，否则返回 True
not	逻辑非，该运算符右侧的值为 True 时返回 False，为 False 时则返回 True

例如，仅在某条新闻同时满足“分数是负数”和“年份是 2019 年”这两个条件时，才把它录入数据库，演示代码如下：

```
1  score = -10
2  year = 2019
3  if (score < 0) and (year == 2019):
4      print('录入数据库')
5  else:
6      print('不录入数据库')
```

第 3 行代码中，“and”运算符左右两侧的两个判断条件最好加上括号，虽然有时不加也没问题，但加上是比较严谨的做法。

因为代码中设定的变量值同时满足“分数是负数”和“年份是 2019 年”这两个条件，所以运行结果为：

```
1  录入数据库
```

如果把第 3 行代码中的“and”换成“or”，那么只要满足一个条件，就可以录入数据库。

2.5　编码基本规范

为了让 Python 解释器能够准确地理解和执行我们编写的代码，在编写代码时我们还需要遵守一些基本规范，如缩进、注释等。

2.5.1　缩进

缩进是 Python 中非常重要的一个知识点，类似于 Word 的首行缩进。如果缩进不规范，代码在运行时就会报错。缩进的快捷键是【Tab】键，在 if、for、while 等语句中都会用到缩进。先来看下面的代码：

```
1  x = 10
2  if x > 0:
3      print('正数')
4  else:
5      print('负数')
```

第 2 ～ 5 行代码是之后会讲到的 if 语句，其中，if 表示“如果”，else 表示“否则”，将上述代码翻译成中文就是：

```
1  让x等于10
```

```
2  如果x大于0：
3      输出字符串'正数'
4  否则：
5      输出字符串'负数'
```

在输入第 3 行和第 5 行代码之前，必须按【Tab】键来缩进，否则运行代码时会报错。

如果要减小缩进量，可按快捷键【Shift+Tab】。如果要同时调整多行代码的缩进量，可选中要调整的多行代码，按【Tab】键统一增加缩进量，按快捷键【Shift+Tab】统一减小缩进量。

2.5.2 注释

注释是对代码的解释和说明，Python 代码的注释分为单行注释和多行注释两种。

1. 单行注释

单行注释以“#”号开头。单行注释可以放在被注释代码的后面，也可以作为单独的一行放在被注释代码的上方。放在被注释代码后的单行注释的演示代码如下：

```
1  a = 1
2  b = 2
3  if a == b:  # 注意表达式里是两个等号
4      print('a和b相等')
5  else:
6      print('a和b不相等')
```

运行结果如下：

```
1  a和b不相等
```

第 3 行代码中“#”号后的内容就是注释内容，它不参与程序的运行。上述代码中的注释可以修改为放在被注释代码的上方，结果如下：

```
a = 1
b = 2
# 注意表达式里是两个等号
if a == b:
    print('a和b相等')
else:
    print('a和b不相等')
```

为了增强代码的可读性，本书建议在编写单行注释时遵循以下规范：

- 单行注释放在被注释代码上方时，在“#”号之后先输入一个空格，再输入注释内容。
- 单行注释放在被注释代码后时，“#”号和代码之间至少要有两个空格，“#”号与注释内容之间也要有一个空格。

2. 多行注释

当注释内容较多，放在一行中不便于阅读时，可以使用多行注释。在 Python 中，使用 3 个单引号或 3 个双引号将多行注释的内容括起来。

用 3 个单引号表示多行注释的演示代码如下：

```
'''
这是多行注释，用3个单引号
这是多行注释，用3个单引号
这是多行注释，用3个单引号
'''
print('Hello, Python!')
```

第 1 ～ 5 行代码就是注释，不参与运行，所以运行结果如下：

```
Hello, Python!
```

用 3 个双引号表示多行注释的演示代码如下：

```
"""
这是多行注释，用3个双引号
这是多行注释，用3个双引号
这是多行注释，用3个双引号
"""
print('Hello, Python!')
```

第 1 ～ 5 行代码也是注释，不参与运行，所以运行结果如下：

```
Hello, Python!
```

注释还有一个作用，就是在调试程序时可以把暂时不需要运行的代码转换为注释，而不是删除，等调试结束后再取消注释，这样可以减少代码输入的工作量。

2.6 控制语句

Python 的控制语句分为条件语句和循环语句。条件语句是指 if 语句，循环语句是指 for 语句和 while 语句。本节将分别介绍这几种语句及它们的嵌套使用。

2.6.1 if 语句

if 语句主要用于根据条件是否成立执行不同的操作，其基本语法格式如下，注意不要遗漏冒号及代码的缩进。如果条件成立，则执行代码 1；如果条件不成立，则执行代码 2。如果不需要在条件不成立时执行指定操作，可省略 else。

```
if 条件:  # 注意不要遗漏冒号
    代码1  # 注意代码前要有缩进
else:  # 注意不要遗漏冒号
    代码2  # 注意代码前要有缩进
```

在前面的内容中已经多次出现过 if 语句，这里再做一个简单的演示，代码如下：

```
1  score = 85
2  if score >= 60:
3      print('及格')
4  else:
5      print('不及格')
```

因为 85 满足“大于等于 60”的条件，所以运行结果如下：

```
1  及格
```

如果有多个判断条件，可以用 elif 语句来处理，演示代码如下：

```
1  score = 55
2  if score >= 80:
3      print('优秀')
4  elif (score >= 60) and (score < 80):
5      print('及格')
6  else:
7      print('不及格')
```

因为 55 既不满足“大于等于 80”的条件，也不满足“大于等于 60 且小于 80”的条件，所以运行结果如下：

```
1  不及格
```

elif 是 elseif 的缩写，用得相对较少，简单了解即可。

2.6.2　for 语句

for 语句常用于完成指定次数的重复操作，其基本语法格式如下，注意不要遗漏冒号和缩进。

```
1  for i in 序列:  # 注意不要遗漏冒号
2      要重复执行的代码  # 注意代码前要有缩进
```

演示代码如下：

```
1  class1 = ['丁一', '王二', '张三']
2  for i in class1:
3      print(i)
```

for 语句在执行过程中，会让 i 依次从列表 class1 的元素里取值，每取一个元素就执行一次第 3 行代码，直到取完所有元素为止。因为列表 class1 有 3 个元素，所以第 3 行代码会被重复执行 3 次，运行结果如下：

```
1  丁一
2  王二
3  张三
```

这里的 i 只是一个代号，可以换成其他变量。例如，将第 2 行代码中的 i 改为 j，则第 3 行代码就要相应改为 print(j)，得到的运行结果是一样的。

上述代码用列表作为控制循环次数的序列，还可以用字符串、字典等来作为序列。如果序列是一个字符串，则 i 代表字符串中的字符；如果序列是一个字典，则 i 代表字典的键名。

此外，编程中还常用 range() 函数来创建一个整数序列，该函数的演示代码如下：

```
1  a = range(5)
```

range() 函数创建的序列默认从 0 开始，并且该函数具有与列表切片类似的“左闭右开”特性，因此，这行代码表示创建一个 0 ～ 4 的整数序列（即 0、1、2、3、4）并赋给变量 a。

for 语句与 range() 函数结合使用的演示代码如下：

```
1  for i in range(3):
2      print('第', i + 1, '次')
```

运行结果如下：

```
1  第 1 次
2  第 2 次
3  第 3 次
```

2.6.3　while 语句

while 语句用于在指定条件成立时重复执行操作，其基本语法格式如下，注意不要遗漏冒号及缩进。

```
1  while 条件:  # 注意不要遗漏冒号
2      要重复执行的代码   # 注意代码前要有缩进
```

演示代码如下：

```
1  a = 1
2  while a < 3:
3      print(a)
4      a = a + 1  # 也可以写成 a += 1
```

第 1 行代码让 a 的初始值为 1；第 2 行代码的 while 语句会判断 a 的值是否满足“小于 3”的条件，判断结果是满足，因此执行第 3 行和第 4 行代码，先输出 a 的值 1，再将 a 的值增加 1 变成 2；随后返回第 2 行代码进行判断，此时 a 的值仍然满足“小于 3”的条件，所以会再次执行第 3 行和第 4 行代码，先输出 a 的值 2，再将 a 的值增加 1 变成 3；随后返回第 2 行代码进行判断，此时 a 的值已经不满足“小于 3”的条件，循环便终止了，不再执行第 3 行和第 4 行代码。运行结果如下：

```
1  1
2  2
```

while 语句经常与 True 搭配使用来创建永久循环，其基本语法格式如下：

```
1  while True:
2      要重复执行的代码
```

大家可以试试输入如下代码并运行，体验一下永久循环的效果。

```
1  while True:
2      print('hahaha')
```

如果想强制停止永久循环，在 IDLE 中可以按快捷键【Ctrl+C】，在 PyCharm 中可以按快捷键【Ctrl+F2】。

2.6.4　控制语句的嵌套

控制语句的嵌套是指在一个控制语句中包含一个或多个相同或不同的控制语句。嵌套的方式多种多样，如 for 语句中嵌套 if 语句，if 语句中嵌套 if 语句，while 语句中嵌套 while 语句，if 语句中嵌套 for 语句，等等。也就是说，控制语句可以按照想要实现的功能进行相互嵌套。

先举一个在 if 语句中嵌套 if 语句的例子，演示代码如下：

```
1  math = 95
2  chinese = 80
3  if math >= 90:
4      if chinese >= 90:
5          print('优秀')
6      else:
7          print('加油')
8  else:
9      print('加油')
```

第 3 ～ 9 行代码为一个 if 语句，第 4 ～ 7 行代码也为一个 if 语句，后者嵌套在前者之中。

这个嵌套结构的含义是：如果 math 的值大于等于 90，且 chinese 的值也大于等于 90，则输出“优秀”；如果 math 的值大于等于 90，且 chinese 的值小于 90，则输出“加油”；如果 math 的值小于 90，则无论 chinese 的值为多少，都输出“加油”。因此，代码的运行结果如下：

```
1 加油
```

下面再来看一个在 for 语句中嵌套 if 语句的例子，演示代码如下：

```
1 for i in range(5):
2     if i == 1:
3         print('加油')
4     else:
5         print('安静')
```

第 1 ～ 5 行代码为一个 for 语句，第 2 ～ 5 行代码为一个 if 语句，后者嵌套在前者之中。第 1 行代码中 for 语句和 range() 函数的结合使用让 i 可以依次取值 0、1、2、3、4，然后进入 if 语句，当 i 的值等于 1 时，输出“加油”，否则输出“安静”。因此，代码的运行结果如下：

```
1 安静
2 加油
3 安静
4 安静
5 安静
```

2.7　函数

函数就是把具有独立功能的代码块组织成一个小模块，在需要时直接调用。函数又分为内置函数和自定义函数：内置函数是 Python 的开发者已经编写好的函数，我们可以直接使用，如 print() 函数；自定义函数则是用户按照需求自己编写的函数。

2.7.1 内置函数

Python 的开发者一般会把那些需要频繁使用的函数制作成内置函数，如用于在屏幕上输出内容的 print() 函数。除了 print() 函数，Python 还提供了很多内置函数。下面介绍一些 Python 中常用的内置函数。

1. len() 函数

len() 函数在前面讲解列表时已经介绍过，它可以统计列表的元素个数，演示代码如下：

```
1  title = ['标题1', '标题2', '标题3']
2  print(len(title))
```

运行结果如下：

```
1  3
```

len() 函数在实战中经常和 range() 函数一起使用，演示代码如下：

```
1  title = ['标题1', '标题2', '标题3']
2  for i in range(len(title)):
3      print(str(i+1) + '.' + title[i])
```

第 2 行代码中的 range(len(title)) 就表示 range(3)，因此 for 语句中的 i 会依次取值为 0、1、2，在生成标题序号时就要写成 i+1，并用 str() 函数转换成字符串，再用“+”运算符进行字符串拼接。最终运行结果如下：

```
1  1.标题1
2  2.标题2
3  3.标题3
```

len() 函数还可以统计字符串的长度，即字符串中字符的个数，演示代码如下：

```
1  a = '123abcd'
2  print(len(a))
```

运行结果如下，表示变量 a 所代表的字符串有 7 个字符。

```
1  7
```

2. replace() 函数

replace() 函数主要用于在字符串中进行查找和替换，其基本语法格式如下：

```
字符串.replace(要查找的内容, 要替换为的内容)
```

演示代码如下：

```
1  a = '<em>面朝大海，</em>春暖花开'
2  a = a.replace('<em>', '')
3  a = a.replace('</em>', '')
4  print(a)
```

在第 2 行和第 3 行代码中，replace() 函数的第 2 个参数的引号中没有任何内容，因此，这两行代码表示将查找到的内容删除。运行结果如下：

```
1  面朝大海，春暖花开
```

3. strip() 函数

strip() 函数的主要作用是删除字符串首尾的空白字符（包括换行符和空格），其基本语法格式如下：

```
字符串.strip()
```

演示代码如下：

```
1  a ='      学而时习之 不亦说乎      '
2  a = a.strip()
3  print(a)
```

运行结果如下：

```
1  学而时习之 不亦说乎
```

可以看到，字符串首尾的空格都被删除了，字符串中间的空格则被保留下来。

4. split() 函数

split() 函数的主要作用是按照指定的分隔符将字符串拆分为一个列表，其基本语法格式如下：

```
字符串.split('分隔符')
```

演示代码如下：

```
1  today = '2020-04-12'
2  a = today.split('-')
3  print(a)
```

运行结果如下：

```
1  ['2020', '04', '12']
```

如果想调用拆分字符串得到的年、月、日信息，可以通过如下代码实现：

```
1  a = today.split('-')[0]  # 获取年信息，即拆分字符串所得列表的第1个元素
2  a = today.split('-')[1]  # 获取月信息，即拆分字符串所得列表的第2个元素
3  a = today.split('-')[2]  # 获取日信息，即拆分字符串所得列表的第3个元素
```

2.7.2 自定义函数

内置函数的数量毕竟有限，只靠内置函数不可能实现我们需要的所有功能，因此，编程中常常需要将会频繁使用的代码编写为自定义函数，这样在后期使用时就可以方便地调用了。

1. 函数的定义与调用

在 Python 中使用 def 语句来定义一个函数，基本语法格式如下，注意不要遗漏冒号及缩进。

```
1  def 函数名(参数):
2      代码
```

演示代码如下：

```
1  def y(x):
2      print(x + 1)
3  y(1)
```

第 1 行和第 2 行代码定义了一个函数 y()，该函数有一个参数 x，函数的功能是输出 x+1 的运算结果。第 3 行代码调用 y() 函数，并将 1 作为 y() 函数的参数。运行结果如下：

```
1  2
```

从上述代码可以看出，函数的调用很简单，只要输入函数名，如函数名 y，如果函数含有参数，如函数 y(x) 中的 x，那么在函数名后面的括号中输入参数的值即可。如果将上述第 3 行代码修改为 y(2)，那么运行结果就是 3。

定义函数时的参数称为形式参数，它只是一个代号，可以换成其他内容。例如，可以把上述代码中的 x 换成 z，结果如下：

```
1  def y(z):
2      print(z + 1)
3  y(1)
```

定义函数时也可以传入多个参数，以自定义含有两个参数的函数为例，演示代码如下：

```
def y(x, z):
    print(x + z + 1)
y(1, 2)
```

因为第 1 行代码在定义函数时指定了两个参数 x 和 z，所以第 3 行代码在调用函数时就得在括号中输入两个参数，运行结果如下：

```
4
```

定义函数时也可以不要参数，代码如下：

```
def y():
    x = 1
    print(x + 1)
y()
```

第 1 ～ 3 行代码定义了一个函数 y()，在定义这个函数时并没有要求输入参数，所以第 4 行代码直接输入 y() 就可以调用函数，运行结果如下：

```
2
```

2. 定义有返回值的函数

在前面的例子中，定义函数时仅是将函数的执行结果用 print() 函数输出，之后就无法使用这个结果了。如果之后还需要使用函数的执行结果做其他事，则在定义函数时要使用 return 语句来定义函数的返回值。演示代码如下：

```
def y(x):
    return x+1
```

```
3    a = y(1)
4    print(a)
```

第 1 行和第 2 行代码定义了一个函数 y()，函数的功能不是直接输出 x+1 的运算结果，而是将 x+1 的运算结果作为函数的返回值返回给调用函数的代码；第 3 行代码在执行时会先调用 y() 函数，并以 1 作为函数的参数，y() 函数内部使用参数 1 计算出 1+1 的结果为 2，再将 2 返回给第 3 行代码，赋给变量 a。运行结果如下：

```
1    2
```

3. 变量的作用域

函数内使用的变量与函数外的代码是没有关系的，演示代码如下：

```
1    x = 1
2    def y(x):
3        x = x + 1
4        print(x)
5    y(3)
6    print(x)
```

大家先在脑海中思考一下，上述代码会输出什么内容呢？下面揭晓运行结果：

```
1    4
2    1
```

第 4 行和第 6 行代码同样是 print(x)，为什么输出的内容不一样呢？这是因为函数 y(x) 里面的 x 和外面的 x 没有关系。之前讲过，可以把 y(x) 换成 y(z)，代码如下：

```
x = 1
def y(z):
    z = z + 1
    print(z)
y(3)
print(x)
```

运行结果如下：

```
4
1
```

可以发现两段代码的运行结果一样。y(z) 中的 z 或者说 y(x) 中的 x 只在函数内部生效，并不会影响外部的变量。正如前面所说，函数的形式参数只是一个代号，属于函数内的局部变量，因此不会影响函数外部的变量。

第 3 章 Python 模块

在前面的章节中已经介绍了 Python 模块这个重要的概念。但是模块到底要怎么使用？用 Python 操控 Excel 又需要用到哪些模块呢？本章就来解答这些问题。本章将先介绍模块的导入方法，然后分别讲解后面的案例中经常用到的几个模块的功能和基本用法，包括 os、xlwings、NumPy、pandas、Matplotlib 等。

3.1 模块的导入

要使用模块，就需要安装和导入模块。模块的安装方法在第 1 章已经详细介绍过，这里就来讲解模块的导入方法。模块的常用导入方法有两种：一种是用 import 语句导入；另一种是用 from 语句导入。下面分别讲解这两种方法。

3.1.1 import 语句导入法

import 语句导入法是导入模块的常规方法。该方法会导入指定模块中的所有函数，适用于需要使用指定模块中的大量函数的情况。import 语句的基本语法格式如下：

```
import 模块名
```

演示代码如下：

```
1  import math  # 导入math模块
2  import turtle  # 导入turtle模块
```

用该方法导入模块后，在后续编程中如果要调用模块中的函数，则要在函数名前面加上模块名的前缀。演示代码如下：

```
1  import math
2  a = math.sqrt(16)
3  print(a)
```

第 2 行代码要调用 math 模块中的 sqrt() 函数来计算 16 的平方根，所以在 sqrt() 函数前加上了模块名 math 的前缀。运行结果如下：

```
1  4.0
```

3.1.2　from 语句导入法

有些模块中的函数特别多，用 import 语句全部导入后会导致程序运行速度较慢，将程序打包后得到的文件体积也会很大。如果只需要使用模块中的少数几个函数，就可以采用 from 语句导入法，这种方法可以指定要导入的函数。from 语句的基本语法格式如下：

```
from 模块名 import 函数名
```

演示代码如下：

```
1  from math import sqrt  # 导入math模块中的单个函数
2  from turtle import forward, backward, right, left  # 导入turtle模块中的多个函数
```

使用该方法导入模块的最大优点就是在调用函数时可以直接写出函数名，无须添加模块名前缀。演示代码如下：

```
1  from math import sqrt  # 导入math模块中的sqrt()函数
2  a = sqrt(16)
3  print(a)
```

因为第 1 行代码中已经写明了要导入哪个模块中的哪个函数，所以第 2 行代码中就可以直接用函数名调用函数。运行结果如下：

```
1  4.0
```

这两种导入模块的方法各有优缺点，编程时根据实际需求选择即可。

此外，如果模块名或函数名很长，可以在导入时使用 as 关键字对它们进行简化，以方便后续代码的编写。通常用模块名或函数名中的某几个字母来代替模块名或函数名。演示代码如下：

```
1  import xlwings as xw  # 导入xlwings模块，并将其简写为xw
2  from math import factorial as fc  # 导入math模块中的factorial()函数，并将其简写为fc
```

提 示

使用 from 语句导入法时，如果将函数名用通配符“*”代替，写成“from 模块名 import *”，则和 import 语句导入法一样，会导入模块中的所有函数。演示代码如下：

```
1  from math import *  # 导入 math 模块中的所有函数
2  a = sqrt(16)
3  print(a)
```

这种方法的优点是在调用模块中的函数时无须添加模块名前缀，缺点是不能使用 as 关键字来简化函数名。

3.2 处理文件和文件夹的模块——os

os 模块是 Python 和操作系统进行交互的一个接口，它提供了许多操作文件及文件夹的函数。因为本书在使用 Python 操控 Excel 时，会涉及很多与文件名、文件路径、文件夹相关的操作，所以下面介绍一下 os 模块的基本功能和使用方法。

3.2.1 获取当前运行的 Python 代码文件路径

先从最简单的获取文件路径开始了解 os 模块。例如，要获取当前运行的 Python 代码文件的路径（即该文件的保存位置），可以用 os 模块中的 getcwd() 函数来实现。

在 E 盘中新建一个“list”文件夹，再在其中新建一个 Python 代码文件（扩展名为“.py”），然后在该文件中输入如下代码：

```
1  import os
2  path = os.getcwd()
3  print(path)
```

运行结果如下：

```
E:\list
```

该结果表示当前运行的 Python 代码文件保存在 E 盘下的“list”文件夹中。

3.2.2　列出指定路径下的文件夹包含的文件和子文件夹名称

如果要查看某个文件夹包含的所有文件和子文件夹的名称，可以使用 os 模块中的 listdir() 函数。

例如，要列出 D 盘的“list”文件夹下的所有文件和子文件夹的名称，可以使用如下代码：

```
import os
path = 'd:\\list'
file_list = os.listdir(path)
print(file_list)
```

3.2.3　分离文件主名和扩展名

如果要分离一个文件的文件主名和扩展名，可以使用 splitext() 函数。演示代码如下：

```
import os
path = 'example.xlsx'
separate = os.path.splitext(path)
print(separate)
```

运行结果如下：

```
('example', '.xlsx')
```

可以看到，splitext() 函数返回的是一个包含两个元素的元组，前一个元素是文件主名，后一个元素是扩展名。

3.2.4 重命名文件和文件夹

os 模块中的 rename() 函数可以重命名文件和文件夹，该函数的语法格式如下：

```
rename(src, dst)
```

参数 src 用于指定要重命名的文件或文件夹，参数 dst 用于指定文件或文件夹的新名称。

例如，要将 D 盘“list”文件夹下的“test.xlsx”文件重命名为“example.xlsx”，可以使用如下代码：

```
1  import os
2  oldname = 'd:\\list\\test.xlsx'
3  newname = 'd:\\list\\example.xlsx'
4  os.rename(oldname, newname)
```

运行代码后，D 盘“list”文件夹下的文件“test.xlsx”就会被重命名为“example.xlsx”。如果 D 盘的“list”文件夹下没有名为“test.xlsx”的文件，则会显示“FileNotFoundError”的异常提示。如果 D 盘的“list”文件夹下已经存在名为“example.xlsx”的文件，也会报错。

rename() 函数除了可以重命名文件，还可以修改文件的路径，演示代码如下：

```
1  import os
2  oldname = 'd:\\list\\test.xlsx'
3  newname = 'd:\\mask\\example.xlsx'
4  os.rename(oldname, newname)
```

运行代码后，D 盘“list”文件夹下的“test.xlsx”文件被移动到 D 盘的“mask”文件夹下，且文件名变为“example.xlsx”。

用 rename() 函数重命名文件夹和重命名文件的方法基本相同，将文件的路径改为文件夹的路径即可。

例如，要将 D 盘的“list”文件夹重命名为“newlist”，可以使用如下代码：

```
import os
oldname = 'd:\\list'
newname = 'd:\\newlist'
os.rename(oldname, newname)
```

需要注意的是，在对文件夹进行重命名时，只能重命名最后一级的文件夹，而不能像重命名文件那样移动位置。

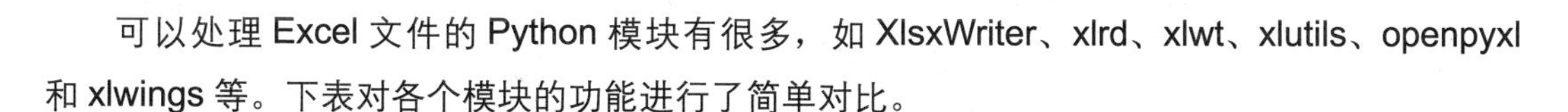

3.3　批量处理 Excel 文件的模块——xlwings

可以处理 Excel 文件的 Python 模块有很多，如 XlsxWriter、xlrd、xlwt、xlutils、openpyxl 和 xlwings 等。下表对各个模块的功能进行了简单对比。

功能＼模块	XlsxWriter	xlrd	xlwt	xlutils	openpyxl	xlwings
读	×	√	×	√	√	√
写	√	×	√	√	√	√
修改	×	×	×	√	√	√
支持 xls 格式	×	√	√	√	×	√
支持 xlsx 格式	√	√	√	×	√	√
支持批量操作	×	×	×	×	×	√

通过上表的对比可以发现，xlwings 模块的功能是最齐全的。它不仅能读、写和修改两种格式的 Excel 文件（xls 和 xlsx），而且能批量处理多个 Excel 文件。此外，xlwings 模块还能与 Excel VBA 结合使用，实现更加强大的数据输入和分析功能。

在后面的章节中，这个模块将会经常与 os、pandas、NumPy、Matplotlib 等模块结合使用，让我们可以轻松应对数据处理与分析工作。本节将详细介绍这个模块的基本功能和使用方法。

3.3.1 创建工作簿

利用 xlwings 模块创建一个新的工作簿的演示代码如下：

```
1  import xlwings as xw
2  app = xw.App(visible = True, add_book = False)
3  workbook = app.books.add()
```

第 1 行代码导入 xlwings 模块并简写为 xw。

第 2 行代码启动 Excel 程序窗口，但不新建工作簿。其中的 App() 是 xlwings 模块中的函数，该函数有两个常用参数：参数 visible 用于设置 Excel 程序窗口的可见性，如果为 True，表示显示 Excel 程序窗口，如果为 False，表示隐藏 Excel 程序窗口；参数 add_book 用于设置启动 Excel 程序窗口后是否新建工作簿，如果为 True，表示新建一个工作簿，如果为 False，表示不新建工作簿。

第 3 行代码新建一个工作簿。其中的 add() 为 books 对象的函数，用于新建工作簿。

3.3.2 保存工作簿

如果要对上面创建的工作簿进行保存，则在 3.3.1 节的代码后面继续输入如下代码：

```
1  workbook.save('d:\\example.xlsx')
2  workbook.close()  # 关闭工作簿
3  app.quit()  # 退出Excel程序
```

输入完毕后的代码有 6 行，保存代码文件后运行代码，便会发现在 D 盘的根文件夹下生成了一个名为“example.xlsx”的工作簿。

下面解释一下本节新增的 3 行代码的含义。第 1 行代码中的 save() 函数用于保存前面创建的空白工作簿，括号里的参数为工作簿的保存路径和文件名。需要注意的是，一个文件的路径有两种表示方式，分别说明如下。

- **绝对路径**：表示文件的路径总是从根文件夹开始。例如，如果操作系统是 Windows，那么就以盘符（C:、D: 等）作为根文件夹。第 1 行代码中的 'd:\\example.xlsx' 就是一个绝对路径。

这行代码也可以改为“workbook.save(r'd:\example.xlsx')”，代码中的字符 r 用来取消路径中反斜杠“\”的转义功能，在 2.2.2 节中已经介绍过相关知识，此处不再赘述。

- **相对路径**：表示相对于当前运行的代码文件的路径。例如，如果将第 1 行代码修改为“workbook.save('.\example.xlsx')”或“workbook.save('example.xlsx')”，那么就会在代码文件所在的文件夹下创建一个名为“example.xlsx”的工作簿。

第 2 行代码中的 close() 函数用于关闭创建的工作簿。

第 3 行代码中的 quit() 函数用于退出 Excel 程序。

3.3.3 打开工作簿

利用 xlwings 模块打开一个已有的工作簿的演示代码如下：

```
1  import xlwings as xw
2  app = xw.App(visible = True, add_book = False)
3  workbook = app.books.open(r'd:\example.xlsx')  # 打开D盘根文件夹下名为“example.xlsx”的工作簿
```

需要注意的是，指定的工作簿必须真实存在，并且不能处于已打开的状态。

3.3.4 操控工作表和单元格

xlwings 模块还能操控工作表和单元格。例如，在 3.3.3 节的代码后面继续输入如下代码：

```
1  worksheet = workbook.sheets['Sheet1']  # 选中工作表“Sheet1”
2  worksheet.range('A1').value = '编号'  # 在单元格A1中输入内容
```

运行代码后，可在打开的工作簿“example.xlsx”的工作表“Sheet1”的单元格 A1 中看到输入了文本内容“编号”。

如果想要在打开的工作簿中新增一个工作表，也可以用 xlwings 模块来实现。例如，在 3.3.3 节的代码后面继续输入如下代码：

```
1  worksheet = workbook.sheets.add('产品统计表')  # 新增一个名为“产品统
   计表”的工作表
```

通过前面的讲解，我们对 xlwings 模块的基本用法有了大致的了解。下面对本节所学知识进行综合应用，以帮助大家加深对 xlwings 模块的认识，演示代码如下：

```
1  import xlwings as xw
2  app = xw.App(visible = False)
3  workbook = app.books.add()
4  worksheet = workbook.sheets.add('产品统计表')
5  worksheet.range('A1').value = '编号'
6  workbook.save(r'd:\北京.xlsx')
7  workbook.close()
8  app.quit()
```

运行后会看到在 D 盘的根文件夹下新建了一个名为“北京 .xlsx”的工作簿，该工作簿中有一个名为“产品统计表”的工作表，该工作表的单元格 A1 中输入了内容“编号”。

当然，xlwings 模块的功能并不仅限于此。后续章节还将使用 xlwings 模块批量处理 Excel 工作簿、工作表和单元格，并与其他模块结合使用，轻松完成数据的分析和可视化。

3.4 数组计算的数学模块——NumPy

NumPy 模块的名称是由“Numerical Python”缩写而来，这个模块是一个运行速度非常快的数学模块，主要用于数组计算。下面一起来看看 NumPy 模块的基本用法。

3.4.1 数组的基础知识

NumPy 模块的主要特点就是引入了数组的概念。因为一维数组和列表有相似之处，所以这里借助列表来讲解数组的基本概念。演示代码如下：

```
1  import numpy as np
2  a = [1, 2, 3, 4]
3  b = np.array([1, 2, 3, 4])  # 创建数组的一种方式，array就是数组的意思
4  print(a)  #输出变量a的值
5  print(b)  #输出变量b的值
6  print(type(a))  #输出变量a的数据类型
7  print(type(b))  #输出变量b的数据类型
```

第 3 行代码中的 array() 是 NumPy 模块中的函数，用于创建数组。运行结果如下：

```
1  [1, 2, 3, 4]  # 列表的展现形式
2  [1 2 3 4]  # 数组的展现形式
3  <class 'list'>  # 变量a的数据类型为列表
4  <class 'numpy.ndarray'>  # 变量b的数据类型为数组
```

接着通过提取列表和数组中的元素来帮助大家进一步理解数组，演示代码如下：

```
1  import numpy as np
2  a = [1, 2, 3, 4]
3  b = np.array([1, 2, 3, 4])
4  print(a[1])  #提取列表a的单个元素
5  print(b[1])  #提取数组b的单个元素
6  print(a[0:2])  #对列表a进行切片
7  print(b[0:2])  #对数组b进行切片
```

运行结果如下：

```
1  2  # 提取列表a的单个元素的结果
2  2  # 提取数组b的单个元素的结果
3  [1, 2]  # 列表a的切片结果，遵循“左闭右开”的规则
4  [1 2]  # 数组b的切片结果，也遵循“左闭右开”的规则
```

从运行结果可以看出，列表和数组有着相似的元素索引机制，唯一的区别就是数组中的元素用空格分隔，而列表中的元素用逗号分隔。那么 NumPy 模块为什么不直接使用列表来组织数据，而要引入数组这一新的数据结构呢？原因有很多，这里主要讲两点。

第一，数组能很好地支持一些数学运算，而用列表来完成这些数学运算则较为麻烦。演示代码如下：

```
1  import numpy as np
2  a = [1, 2, 3, 4]
3  b = np.array([1, 2, 3, 4])
4  c = a * 2
5  d = b * 2
6  print(c)
7  print(d)
```

运行结果如下：

```
1  [1, 2, 3, 4, 1, 2, 3, 4]
2  [2 4 6 8]
```

可以看到，同样是做乘法运算，列表是把元素复制了一遍，而数组则是对每个元素都进行了乘法运算。

第二，数组可以存储多维数据，而列表通常只能存储一维数据。演示代码如下：

```
1  import numpy as np
2  e = [[1, 2], [3, 4], [5, 6]]  # 大列表里嵌套小列表
3  f = np.array([[1, 2], [3, 4], [5, 6]])  # 创建二维数组的一种方式
4  print(e)
5  print(f)
```

运行结果如下：

```
[[1, 2], [3, 4], [5, 6]]  # 列表e的打印输出结果
# 数组f的打印输出结果
[[1 2]
 [3 4]
 [5 6]]
```

可以看到，列表 e 虽然包含了 3 个小列表，但其结构是一维的。而数组 f 则是 3 行 2 列的二维结构，这也是之后要学习的 pandas 模块的核心概念之一，因为数据处理中经常用到二维数组，即二维的表格结构。

3.4.2 数组的创建

前面我们已经了解了创建数组的一种方式——np.array(列表)。这里简单总结一下，演示代码如下：

```
import numpy as np
# 创建一维数组
a = np.array([1, 2, 3, 4])
# 创建二维数组
b = np.array([[1, 2], [3, 4], [5, 6]])
```

除此之外，还有一些常见的创建数组的方式。以一维数组为例，可以使用 np.arange() 函数来创建一维数组，该函数的括号里可以输入 1 ～ 3 个参数，会得到不同的效果。演示代码如下：

```
import numpy as np
# 1个参数：起点取默认值0，参数值为终点，步长取默认值1，左闭右开
x = np.arange(5)
# 2个参数：第1个参数为起点，第2个参数为终点，步长取默认值1，左闭右开
y = np.arange(5, 10)
```

```
6   # 3个参数：第1个参数为起点，第2个参数为终点，第3个参数为步长，左闭右开
7   z = np.arange(5, 10, 2)
8   print(x)
9   print(y)
10  print(z)
```

运行结果如下：

```
1   [0 1 2 3 4]
2   [5 6 7 8 9]
3   [5 7 9]
```

还可以用 np.random 中的函数创建随机一维数组。例如，用 np.random.randn(3) 创建一个一维数组，其中包含服从正态分布（均值为 0、标准差为 1 的分布）的 3 个随机数。演示代码如下：

```
1   import numpy as np
2   c = np.random.randn(3)
3   print(c)
```

运行结果如下：

```
1   [-0.59243327  0.53587119  0.15330862]
```

至于二维数组，可以利用创建一维数组的 np.arange() 函数和 reshape() 函数来创建。例如，将包含 0 ～ 11 这 12 个整数的一维数组转换成 3 行 4 列的二维数组，演示代码如下：

```
1   import numpy as np
2   d = np.arange(12).reshape(3, 4)
3   print(d)
```

运行结果如下：

```
[[ 0  1  2  3]
 [ 4  5  6  7]
 [ 8  9 10 11]]
```

这里再简单介绍一种创建随机整数二维数组的方法，演示代码如下：

```
import numpy as np
e = np.random.randint(0, 10, (4, 4))
print(e)
```

第 2 行代码中的 np.random.randint() 函数用来创建随机整数，括号里第 1 个参数 0 为起始数，第 2 个参数 10 为终止数，第 3 个参数 (4, 4) 则表示创建一个 4 行 4 列的二维数组。运行结果如下：

```
[[4 1 6 3]
 [3 0 4 8]
 [7 8 1 8]
 [4 6 3 6]]
```

3.5　数据导入和整理模块——pandas

pandas 模块是基于 NumPy 模块的一个开源 Python 模块，广泛应用于完成数据快速分析、数据清洗和准备等工作，它的名字来源于“panel data”（面板数据）。pandas 模块提供了非常直观的数据结构及强大的数据管理和数据处理功能，某种程度上可以把 pandas 模块看成 Python 版的 Excel。如果是利用 Anaconda 安装的 Python，则自带 pandas 模块，无须单独安装。

与 NumPy 模块相比，pandas 模块更擅长处理二维数据，其主要有 Series 和 DataFrame 两种数据结构。

Series 类似于通过 NumPy 模块创建的一维数组，不同的是 Series 对象不仅包含数值，还包含一组索引，演示代码如下：

```
1  import pandas as pd
2  s = pd.Series(['丁一', '王二', '张三'])
3  print(s)
```

运行结果如下：

```
1  0    丁一
2  1    王二
3  2    张三
4  dtype: object
```

可以看到，s 是一个一维数据结构，并且每个元素都有一个可以用来定位的行索引，例如，可以通过 s[1] 定位到第 2 个元素 '王二'。

Series 很少单独使用，我们学习 pandas 模块主要是为了使用它提供的 DataFrame 数据结构。DataFrame 是一种二维表格数据结构，可以将其看成一个 Excel 表格，示例见下表。

Date	Amount	Price
2020-04-01	15200	15
2020-04-02	21450	20
2020-04-03	36900	63
……	……	……

3.5.1 二维数据表格 DataFrame 的创建与索引的修改

本节先讲解创建 DataFrame 的方法，再介绍 DataFrame 索引的修改。

1. DataFrame 的创建

DataFrame 可以通过列表、字典或二维数组创建，下面分别介绍具体方法。

（1）通过列表创建 DataFrame

利用 pandas 模块中的 DataFrame() 函数可以基于列表创建 DataFrame。演示代码如下：

```
1  import pandas as pd
2  a = pd.DataFrame([[1, 2], [3, 4], [5, 6]])
3  print(a)
```

运行结果如下：

```
1     0  1
2  0  1  2
3  1  3  4
4  2  5  6
```

和之前通过 NumPy 模块创建的二维数组进行比较：

```
1  [[1 2]
2   [3 4]
3   [5 6]]
```

通过比较可以发现，DataFrame 更像 Excel 中的二维表格，它也有行索引和列索引。需要注意的是，这里的索引序号是从 0 开始的。

我们还可以在创建 DataFrame 时自定义列索引和行索引，演示代码如下：

```
1  import pandas as pd
2  a = pd.DataFrame([[1, 2], [3, 4], [5, 6]], columns=['date', 'score'],
   index=['A', 'B', 'C'])
3  print(a)
```

第 2 行代码中的参数 columns 用于指定列索引名称，参数 index 用于指定行索引名称。运行结果如下：

```
1      date  score
2   A     1      2
3   B     3      4
4   C     5      6
```

通过列表创建 DataFrame 还有另一种方式，演示代码如下：

```
1   import pandas as pd
2   a = pd.DataFrame()  # 创建一个空DataFrame
3   date = [1, 3, 5]
4   score = [2, 4, 6]
5   a['date'] = date
6   a['score'] = score
7   print(a)
```

注意要保证列表 date 和 score 的长度一致，否则会报错。运行结果如下：

```
1      date  score
2   0     1      2
3   1     3      4
4   2     5      6
```

（2）通过字典创建 DataFrame

除了通过列表创建 DataFrame，还可以通过字典创建 DataFrame，默认以字典的键名作为列索引，演示代码如下：

```
1   import pandas as pd
2   b = pd.DataFrame({'a': [1, 3, 5], 'b': [2, 4, 6]}, index=['x',
    'y', 'z'])
3   print(b)
```

运行结果如下，可以看到列索引是字典的键名。

```
1      a  b
2   x  1  2
3   y  3  4
4   z  5  6
```

如果想以字典的键名作为行索引，可以用 from_dict() 函数将字典转换成 DataFrame，同时设置参数 orient 的值为 'index'。演示代码如下：

```
1   import pandas as pd
2   c = pd.DataFrame.from_dict({'a': [1, 3, 5], 'b': [2, 4, 6]}, orient=
    'index')
3   print(c)
```

参数 orient 用于指定以字典的键名作为列索引还是行索引，默认值为 'columns'，即以字典的键名作为列索引，如果设置成 'index'，则表示以字典的键名作为行索引。运行结果如下：

```
1      0  1  2
2   a  1  3  5
3   b  2  4  6
```

（3）通过二维数组创建 DataFrame

在 NumPy 模块创建的二维数组的基础上，也可以创建 DataFrame。这里以 3.4.2 节中创建的二维数组为基础，创建一个 3 行 4 列的 DataFrame，代码如下：

```
1   import numpy as np
2   import pandas as pd
3   a = np.arange(12).reshape(3, 4)
4   b = pd.DataFrame(a, index=[1, 2, 3], columns=['A', 'B', 'C', 'D'])
5   print(b)
```

运行结果如下：

```
1       A   B   C   D
2   1   0   1   2   3
3   2   4   5   6   7
4   3   8   9  10  11
```

2. DataFrame 索引的修改

修改行索引和列索引用得相对较少，这里只做简单介绍。

通过设置 index.name 属性的值可以修改行索引那一列的名称，演示代码如下：

```
1  import pandas as pd
2  a = pd.DataFrame([[1, 2], [3, 4], [5, 6]], columns = ['date', 'score'],
   index = ['A', 'B', 'C'])
3  a.index.name = '公司'
4  print(a)
```

运行结果如下：

```
1      date  score
2  公司
3  A     1      2
4  B     3      4
5  C     5      6
```

如果想重命名索引，可以使用 rename() 函数，在上述 4 行代码的第 3 行代码后面输入如下代码：

```
1  a = a.rename(index={'A':'万科', 'B':'阿里', 'C':'百度'}, columns=
   {'date':'日期', 'score':'分数'})
```

需要注意的是，rename() 函数会用新索引名创建一个新的 DataFrame，并不会改变 a 的内容，所以这里将重命名索引之后得到的新 DataFrame 赋给 a，以便在后续代码中使用。也可以通过设置参数 inplace 为 True 来一步到位地完成索引的重命名，代码如下：

```
1  a.rename(index={'A':'万科', 'B':'阿里', 'C':'百度'}, columns=
   {'date':'日期', 'score':'分数'}, inplace=True)
```

运行结果如下：

```
1      日期  分数
2  公司
3  万科    1   2
4  阿里    3   4
5  百度    5   6
```

如果想将行索引转换为常规列，可以用 reset_index() 函数重置索引，代码如下。同样需要将操作结果重新赋给 a，或者在 reset_index() 函数里设置参数 inplace 为 True。

```
1  a = a.reset_index()
```

运行后行索引将被重置为数字序号，原行索引变成新的一列，a 的打印输出结果如下：

```
1     公司  日期  分数
2  0  万科    1   2
3  1  阿里    3   4
4  2  百度    5   6
```

如果想把常规列转换为行索引，例如，将“日期”列转换为行索引，可以使用如下代码：

```
1  a = a.set_index('日期')  # 或者直接写a.set_index('日期', inplace=True)
```

此时 a 的打印输出结果如下：

```
      公司  分数
日期
1     万科   2
3     阿里   4
5     百度   6
```

3.5.2 文件的读取和写入

通过 pandas 模块可以从多种格式的数据文件中读取数据，也可以将处理后的数据写入这些文件中。本节以 Excel 工作簿和 CSV 文件的读取和写入为例讲解具体方法。

1. 文件读取

以下代码可以读取名为“data.xlsx”的工作簿中的数据：

```
import pandas as pd
data = pd.read_excel('data.xlsx')
```

第 2 行代码中为 read_excel() 函数设置的文件路径参数是相对路径，即代码文件所在的路径，也可以设置成绝对路径。read_excel() 函数还有其他参数，这里简单介绍几个常用参数：

- sheet_name 用于指定工作表，可以是工作表名称，也可以是数字（默认为 0，即第 1 个工作表）。
- encoding 用于指定文件的编码方式，一般设置为 UTF-8 或 GBK 编码，以避免中文乱码。
- index_col 用于设置索引列。

例如，要以 UTF-8 编码方式读取工作簿“data.xlsx”的第 1 个工作表，则可将第 2 行代码修改为如下代码：

```
data = pd.read_excel('data.xlsx', sheet_name=0, encoding='utf-8')
```

除了读取 Excel 工作簿，pandas 模块还可以读取 CSV 文件。CSV 文件本质上是一个文本文件，它仅存储数据，不能像 Excel 工作簿那样存储格式、公式、宏等信息，所以所占存储空间通常较小。CSV 文件一般用逗号分隔一系列值，既可以用 Excel 打开，也可以用文本编辑器（如“记事本”）打开。

以下代码用于读取 CSV 文件：

```
1  data = pd.read_csv('data.csv')
```

read_csv() 函数的常用参数简单介绍如下：

- delimiter 用于指定 CSV 文件的数据分隔符，默认为逗号。
- encoding 用于指定文件的编码方式，一般设置为 UTF-8 或 GBK 编码，以避免中文乱码。
- index_col 用于设置索引列。

例如，要以 UTF-8 编码方式读取 CSV 文件“data.csv”，以逗号作为数据的分隔符，则可编写如下代码：

```
1  data = pd.read_csv('data.csv', delimiter=',', encoding='utf-8')
```

2. 文件写入

以下代码可以将数据写入工作簿：

```
1  import pandas as pd
2  data = pd.DataFrame([[1, 2], [3, 4], [5, 6]], columns=['A列', 'B
   列'])  # 创建一个DataFrame
3  data.to_excel('data.xlsx')  # 将DataFrame中的数据写入工作簿
```

第 3 行代码中的文件存储路径使用的是相对路径，可以根据需要写成绝对路径。运行之后将在代码文件所在的文件夹生成一个名为“data.xlsx”的工作簿，打开工作簿可看到如下图所示的文件内容。

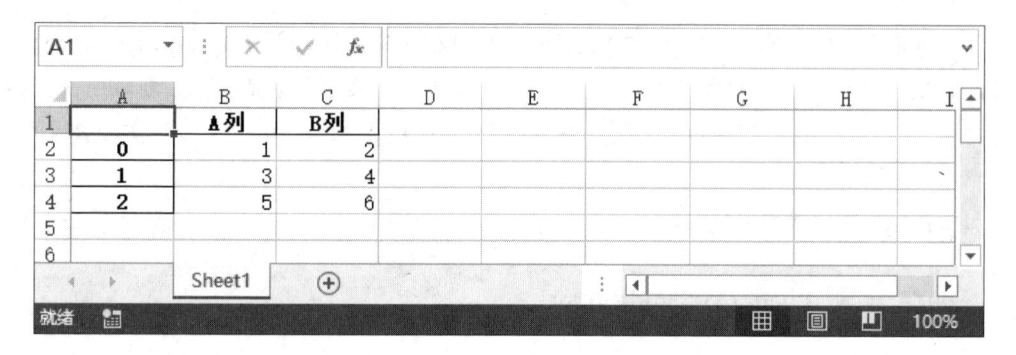

上图中，行索引信息被存储在工作表的第 1 列中，如果想在写入数据时不保留行索引信息，可以设置 to_excel() 函数的参数。该函数的常用参数有：

- sheet_name 用于指定工作表名称。
- index 用于指定是否写入行索引信息，默认为 True，即将行索引信息存储在输出文件的第 1 列；若设置为 False，则忽略行索引信息。
- columns 用于指定要写入的列。
- encoding 用于指定编码方式。

例如，要将 data 中的 A 列数据写入工作簿并忽略行索引信息，可编写如下代码：

```
1  data.to_excel('data.xlsx', columns=['A列'], index=False)
```

通过类似的方式，可以将 data 中的数据写入 CSV 文件，代码如下：

```
1  data.to_csv('data.csv')
```

和 to_excel() 函数类似，to_csv() 函数也可以设置 index、columns、encoding 等参数。

3.5.3 数据的选取和处理

创建了 DataFrame 之后，就可以对其中的数据进行进一步的选取和处理，本节就来讲解相应的方法。这些知识点在后面的章节中应用较多，需要好好掌握。

首先创建一个 3 行 3 列的 DataFrame 用于演示，行索引设定为 r1、r2、r3，列索引设定为 c1、c2、c3，代码如下：

```
1  data = pd.DataFrame([[1, 2, 3], [4, 5, 6], [7, 8, 9]], index=['r1',
   'r2', 'r3'], columns=['c1', 'c2', 'c3'])
```

也可以用 3.5.1 节中介绍的方法，通过二维数组创建 DataFrame。这里以数字 1 为起点，数字 10 为终点（终点取不到），生成 1 ～ 9 共 9 个整数，作为 DataFrame 中的数据，代码如下：

```
1  data = pd.DataFrame(np.arange(1, 10).reshape(3, 3), index=['r1',
   'r2', 'r3'], columns=['c1', 'c2', 'c3'])
```

两种方法得到的 data 是一样的，打印输出结果如下：

```
1      c1  c2  c3
2  r1   1   2   3
3  r2   4   5   6
4  r3   7   8   9
```

接下来就用这个 data 讲解数据的选取、筛选、排序、运算与删除等知识点。

1. 数据的选取

（1）按列选取数据

先从简单的选取单列数据入手，代码如下：

```
1  a = data['c1']
```

a 的打印输出结果如下：

```
1  r1    1
2  r2    4
3  r3    7
4  Name: c1, dtype: int64
```

可以看到，选取的数据不包含列索引信息，这是因为通过 data['c1'] 选取一列时返回的是一个一维的 Series 类型的数据。通过如下代码可以返回一个二维的表格数据。

```
b = data[['c1']]
```

b 的打印输出结果如下：

```
    c1
r1   1
r2   4
r3   7
```

如果要选取多列，则需在中括号 [] 中以列表的形式给出列索引。例如，选取 c1 和 c3 列的代码如下：

```
c = data[['c1', 'c3']]
```

这里的 data[['c1', 'c3']] 不能写成 data['c1', 'c3']。

c 的打印输出结果如下：

```
    c1  c3
r1   1   3
r2   4   6
r3   7   9
```

（2）按行选取数据

可以根据行序号来选取数据，代码如下：

```
# 选取第2～3行的数据，注意序号从0开始，左闭右开
a = data[1:3]
```

a 的打印输出结果如下：

```
    c1  c2  c3
r2   4   5   6
r3   7   8   9
```

但是 data[1:3] 可能会引起混淆报错，所以 pandas 模块的官方文档推荐使用 iloc 方法来根据行序号选取数据，这样更直观，代码如下：

```
b = data.iloc[1:3]
```

如果要选取单行，就必须用 iloc 方法。例如，选取倒数第 1 行，代码如下：

```
c = data.iloc[-1]
```

此时如果使用 data[-1]，则 Python 可能会认为 -1 是列名，导致混淆报错。

除了根据行序号选取数据外，还可以使用 loc 方法根据行的名称来选取数据，代码如下：

```
d = data.loc[['r2', 'r3']]
```

如果行数很多，可以用 head() 函数选取前 5 行数据，代码如下：

```
e = data.head()
```

这里因为 data 只有 3 行数据，所以用 head() 函数会选取全部数据。如果只想选取前两行数据，可以写成 data.head(2)。

（3）按区块选取数据

如果想选取某几行的某几列数据，例如，选取 c1 和 c3 列的前两行数据，代码如下：

```
a = data[['c1', 'c3']][0:2]  # 也可写成data[0:2][['c1', 'c3']]
```

其实就是把前面介绍的按行和按列选取数据的方法进行了整合，a 的打印输出结果如下：

```
1       c1  c3
2  r1    1   3
3  r2    4   6
```

在实战中选取区块数据时，通常先用 iloc 方法选取行，再选取列，代码如下：

```
1  b = data.iloc[0:2][['c1', 'c3']]
```

两种方法的选取效果是一样的，但第二种方法逻辑更清晰，代码不容易混淆，它也是 pandas 模块的官方文档推荐的方法。

如果要选取单个数据，该方法就更有优势。例如，选取 c3 列第 1 行的数据，不能写成 data['c3'][0] 或 data[0]['c3']，而要先用 iloc[0] 选取第 1 行，再选取 c3 列，代码如下：

```
1  c = data.iloc[0]['c3']
```

也可以使用 iloc 和 loc 方法同时选取行和列，代码如下：

```
1  d = data.loc[['r1', 'r2'], ['c1', 'c3']]
2  e = data.iloc[0:2, [0, 2]]
```

需要注意的是，loc 方法使用字符串作为索引，iloc 方法使用数字作为索引。有个简单的记忆方法：loc 是 location（定位、位置）的缩写，所以是用字符串作为索引；iloc 中多了一个字母 i，而 i 又经常代表数字，所以是用数字作为索引。

d 和 e 的打印输出结果如下：

```
1       c1  c3
2  r1    1   3
3  r2    4   6
```

选取区域数据还可以用 ix 方法，它的索引不像 loc 或 iloc 必须为字符串或数字，代码如下：

```
1  f = data.ix[0:2, ['c1', 'c3']]
```

其操作逻辑和效果与 data.iloc[0:2][['c1', 'c3']] 一样，但 pandas 模块的官方文档目前已经不推荐使用 ix 方法。

2. 数据的筛选

通过在中括号里设定筛选条件可以过滤行。例如，筛选 c1 列中数字大于 1 的行，代码如下：

```
1  a = data[data['c1'] > 1]
```

a 的打印输出结果如下：

```
1      c1  c2  c3
2  r2   4   5   6
3  r3   7   8   9
```

如果有多个筛选条件，可以用“&”（表示“且”）或“|”（表示“或”）连接起来。例如，筛选 c1 列中数字大于 1 且 c2 列中数字等于 5 的行，代码如下。注意要用小括号将筛选条件括起来。

```
1  b = data[(data['c1'] > 1) & (data['c2'] == 5)]
```

b 的打印输出结果如下：

```
1      c1  c2  c3
2  r2   4   5   6
```

3. 数据的排序

使用 sort_values() 函数可以按列对数据进行排序。例如，将 data 按 c2 列进行降序排序的代码如下：

```
1  a = data.sort_values(by='c2', ascending=False)
```

参数 by 用于指定按哪一列来排序；参数 ascending（“上升”的意思）默认值为 True，表示升序排序，若设置为 False 则表示降序排序。a 的打印输出结果如下：

```
    c1  c2  c3
r3   7   8   9
r2   4   5   6
r1   1   2   3
```

使用 sort_index() 函数可以按行索引进行排序。例如，按行索引进行升序排序的代码如下：

```
a = a.sort_index()
```

运行上述代码后，前面按 c2 列降序排序后生成的 a 的行索引又变成 r1、r2、r3 的升序排序形式了。sort_index() 函数同样也可以通过设置参数 ascending 为 False 来进行降序排序。

4. 数据的运算

通过数据运算可以基于已有的列生成新的一列，演示代码如下：

```
data['c4'] = data['c3'] - data['c1']
```

data 的打印输出结果如下：

```
    c1  c2  c3  c4
r1   1   2   3   2
r2   4   5   6   2
r3   7   8   9   2
```

5. 数据的删除

使用 drop() 函数可以删除 DataFrame 中的指定数据，该函数的常用参数简单介绍如下：

- index 用于指定要删除的行。
- columns 用于指定要删除的列。
- inplace 默认值为 False，表示该删除操作不改变原 DataFrame，而是返回一个执行删除操作后的新 DataFrame，如果设置为 True，则会直接在原 DataFrame 中进行删除操作。

例如，删除 data 中的 c1 列数据的代码如下：

```
1  a = data.drop(columns='c1')
```

删除多列数据时，要以列表的形式给出列索引，例如，删除 c1 和 c3 列的代码如下：

```
1  b = data.drop(columns=['c1', 'c3'])
```

删除多行数据时，同样要以列表的形式给出行索引，例如，删除第 1 行和第 3 行的代码如下：

```
1  c = data.drop(index=['r1', 'r3'])
```

需要注意的是，给出行索引时要输入行索引名称而不是数字序号，除非行索引名称本来就是数字。

上述这些演示代码将删除数据后的新 DataFrame 赋给新的变量，并不会改变原 DataFrame（data）的结构，如果想改变原 DataFrame（data）的结构，可以设置参数 inplace 为 True，演示代码如下：

```
1  data.drop(index=['r1', 'r3'], inplace=True)
```

3.5.4　数据表的拼接

pandas 模块还提供了一些高级功能，其中的数据合并与重塑功能为两个数据表的拼接提供了极大的便利，主要涉及 merge() 函数、concat() 函数、append() 函数。其中 merge() 函数用得较多。下面通过一个简单的例子演示这 3 个函数的用法。

假设用如下代码创建了两个 DataFrame 数据表，现在需要将它们合并：

```
1  import pandas as pd
2  df1 = pd.DataFrame({'公司': ['恒盛', '创锐', '快学'], '分数': [90, 95,
   85]})
```

```
3    df2 = pd.DataFrame({'公司': ['恒盛', '创锐', '京西'], '股价': [20,
     180, 30]})
```

上述代码得到的 df1 和 df2 的内容见下表。

df1

	公司	分数
0	恒盛	90
1	创锐	95
2	快学	85

df2

	公司	股价
0	恒盛	20
1	创锐	180
2	京西	30

1. merge() 函数

merge() 函数可以根据一个或多个同名的列将不同数据表中的行连接起来，演示代码如下：

```
1    df3 = pd.merge(df1, df2)
```

运行后 df3 的内容见下表。

	公司	分数	股价
0	恒盛	90	20
1	创锐	95	180

可以看到，merge() 函数直接根据相同的列名（“公司”列）对两个数据表进行了合并，而且默认选取的是两个表共有的列内容（'恒盛'、'创锐'）。如果同名的列不止一个，可以通过设置参数 on 指定按照哪一列进行合并，代码如下：

```
1    df3 = pd.merge(df1, df2, on='公司')
```

默认的合并方式其实是取交集（inner 连接），即选取两个表共有的内容。如果想取并集（outer 连接），即选取两个表所有的内容，可以设置参数 how，代码如下：

```
1  df3 = pd.merge(df1, df2, how='outer')
```

运行后 df3 的内容见下表，可以看到所有数据都在，原来没有的内容则用空值 NaN 填充。

	公司	分数	股价
0	恒盛	90.0	20.0
1	创锐	95.0	180.0
2	快学	85.0	NaN
3	京西	NaN	30.0

如果想保留左表（df1）的全部内容，而对右表（df2）不太在意，可以将参数 how 设置为 'left'，代码如下：

```
1  df3 = pd.merge(df1, df2, how='left')
```

此时 df3 的内容见下表，完整保留了 df1 的内容（'恒盛'、'创锐'、'快学'）。

	公司	分数	股价
0	恒盛	90.0	20.0
1	创锐	95.0	180.0
2	快学	85.0	NaN

同理，如果想保留右表（df2）的全部内容，而不太在意左表（df1），可以将参数 how 设置为 'right'。

如果想按照行索引进行合并，可以设置参数 left_index 和 right_index，代码如下：

```
1  df3 = pd.merge(df1, df2, left_index=True, right_index=True)
```

此时 df3 的内容见下表，两个表按照它们的行索引进行了合并。

	公司_x	分数	公司_y	股价
0	恒盛	90	恒盛	20
1	创锐	95	创锐	180
2	快学	85	京西	30

2. concat() 函数

concat() 函数使用全连接（UNION ALL）方式完成拼接，它不需要对齐，而是直接进行合并，即不需要两个表有相同的列或索引，只是把数据整合到一起。因此，该函数没有参数 how 和 on，而是用参数 axis 指定连接的轴向。该参数默认值为 0，指按行方向连接（纵向拼接）。代码如下：

```
1  df3 = pd.concat([df1, df2])  # 或者写成df3 = pd.concat([df1, df2], axis=0)
```

此时 df3 的内容见下表。

	公司	分数	股价
0	恒盛	90.0	NaN
1	创锐	95.0	NaN
2	快学	85.0	NaN
0	恒盛	NaN	20.0
1	创锐	NaN	180.0
2	京西	NaN	30.0

此时的行索引为原来两个表各自的索引，如果想重置索引，可以使用 3.5.1 节讲过的 reset_index() 函数，或者在 concat() 函数中设置参数 ignore_index 为 True 来忽略原有索引，生成新的数字序列作为索引，代码如下：

```
1  df3 = pd.concat([df1, df2], ignore_index=True)
```

如果想按列方向连接，即横向拼接，可以设置参数 axis 为 1。代码如下：

```
1  df3 = pd.concat([df1, df2], axis=1)
```

此时 df3 的内容见下表。

	公司	分数	公司	股价
0	恒盛	90	恒盛	20
1	创锐	95	创锐	180
2	快学	85	京西	30

3. append() 函数

append() 函数可以看成 concat() 函数的简化版，效果和 pd.concat([df1, df2]) 类似，实现的也是纵向拼接，代码如下：

```
1  df3 = df1.append(df2)
```

append() 函数还有一个和列表的 append() 函数一样的用途——新增元素，代码如下：

```
1  df3 = df1.append({'公司': '腾飞', '分数': '90'}, ignore_index=True)
```

这里一定要设置参数 ignore_index 为 True 来忽略原索引，否则会报错。生成的 df3 的内容见右表。

	公司	分数
0	恒盛	90
1	创锐	95
2	快学	85
3	腾飞	90

以上即是 pandas 模块的基础知识，在后面的章节中还将通过多个案例对这个模块的功能进行详细介绍。

3.6 数据可视化模块——Matplotlib

Matplotlib 是一个非常出色的数据可视化模块，其导入代码通常写成 import matplotlib.pyplot as plt，将模块名简写为 plt，之后以 plt 为前缀调用函数即可绘制图表。例如，plt.plot() 函数用于绘制折线图，plt.bar() 函数用于绘制柱形图，plt.pie() 函数用于绘制饼图，等等。本节以绘制折线图和柱形图为例，讲解 Matplotlib 模块的基本用法。

3.6.1 绘制折线图

◎ 代码文件：3.6.1 绘制折线图.py

绘制折线图的演示代码如下。运行代码后，得到如右图所示的折线图效果。

```
1   import matplotlib.pyplot as plt
2   x=[1, 2, 3, 4, 5]
3   y=[2, 4, 6, 8, 10]
4   plt.plot(x, y)
5   plt.show()
```

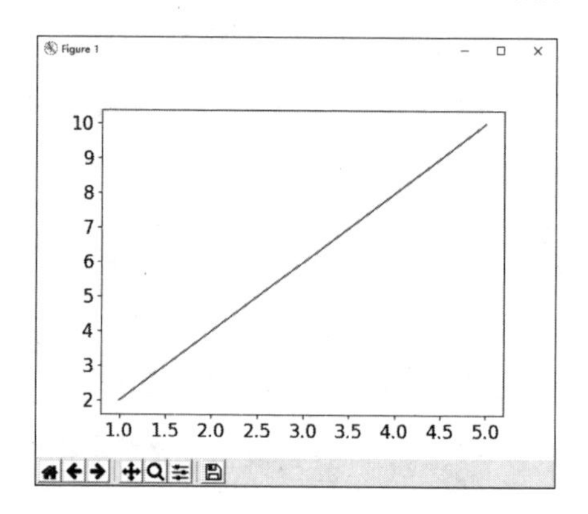

3.6.2 绘制柱形图

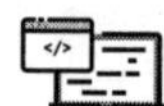

◎ 代码文件：3.6.2 绘制柱形图.py

绘制柱形图的演示代码如下：

```
1   import matplotlib.pyplot as plt
2   x = [1, 2, 3, 4, 5, 6]
3   y = [6, 5, 4, 3, 2, 1]
```

```
4  plt.bar(x, y)
5  plt.show()
```

运行代码后，得到如右图所示的柱形图效果。

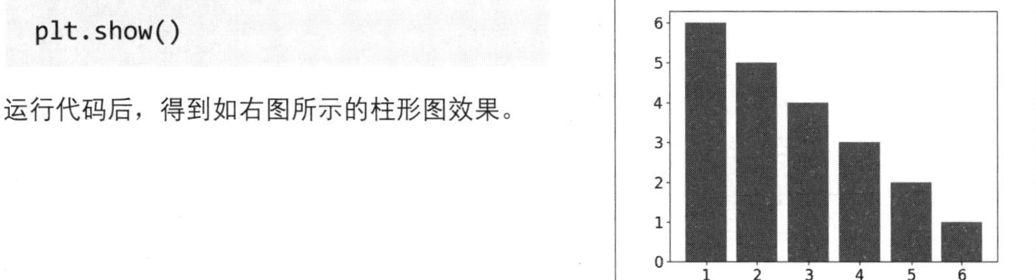

3.7　模块的交互

模块与模块之间是可以交互的，下面来学习 xlwings 模块与 pandas 模块、Matplotlib 模块的交互使用方法。

3.7.1　xlwings 模块与 pandas 模块的交互

◎ 代码文件：3.7.1 xlwings模块与pandas模块的交互.py

xlwings 模块可以与 pandas 模块进行交互。例如，用 pandas 模块创建数据表格，再用 xlwings 模块将表格写入工作簿，演示代码如下：

```
1  import xlwings as xw
2  import pandas as pd
3  app = xw.App(visible=False)
4  workbook = app.books.add()
5  worksheet = workbook.sheets.add('新工作表')
6  df = pd.DataFrame([[1, 2], [3, 4]], columns=['a', 'b'])
7  worksheet.range('A1').value = df
```

```
8   workbook.save(r'e:\table.xlsx')
9   workbook.close()
10  app.quit()
```

运行之后就会在E盘的根文件夹下生成一个工作簿“table.xlsx”，打开该工作簿，可以看到工作表“新工作表”中有一个2×2的表格，列名分别为a和b，效果如右图所示。

3.7.2 xlwings 模块与 Matplotlib 模块的交互

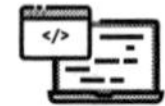

◎ 代码文件：3.7.2 xlwings模块与Matplotlib模块的交互.py

xlwings 模块还可以与 Matplotlib 模块进行交互。例如，用 Matplotlib 模块绘制图表，再用 xlwings 模块将图表写入工作簿，演示代码如下：

```
1  import xlwings as xw
2  import matplotlib.pyplot as plt
3  figure = plt.figure()
4  x = [1, 2, 3, 4, 5]
5  y = [2, 4, 6, 8, 10]
6  plt.plot(x, y)
7  app = xw.App(visible=False)
8  workbook = app.books.add()
9  worksheet = workbook.sheets.add('新工作表')
```

```
10  # 将绘制的图表写入工作簿
11  worksheet.pictures.add(figure, name='图片1', update=True, left=100)
12  workbook.save(r'e:\table.xlsx')
13  workbook.close()
14  app.quit()
```

worksheet.pictures.add() 函数可以将 Matplotlib 模块绘制的图表写入工作簿。上述代码中为该函数设置的参数含义简单解释如下：

- figure 为固定写法，代表之前用 Matplotlib 模块绘制的图表。
- name 用于指定图表的名称，这个名称并不显示在图表上，它是在绘制多个图表时使用的，如果要在同一个工作表里绘制第二个图表，则需要把 name 设置成另一个名称。
- update 设置为 True，则在后续通过 pictures.add() 函数调用具有相同名称（'图片1'）的图表时，可以只更新图表数据而不更改其位置或大小。
- left 用于设置图表与左侧边界的距离，这里设置 left 为 100，表示让图表距离左侧边界 100 像素，同理可以设置参数 top 为 400，表示让图表距离顶部边界 400 像素。

运行代码后，打开创建的工作簿“table.xlsx”，可看到如下图所示的图表。

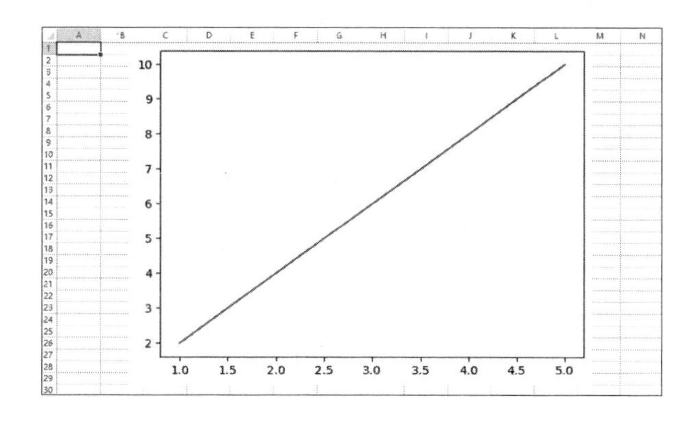

除了本章所讲到的模块，在 Python 中还有很多其他模块，如用于统计模型和统计数据的 statsmodels 模块、用于数据挖掘和数据分析的 sklearn 模块。后面的章节将通过多个案例介绍这些模块的用法。

第4章

使用 Python 批量处理工作簿和工作表

学习完第 1 ～ 3 章的内容，我们就可以开始学习用 Python 操控 Excel 了。本章将通过多个案例详细介绍用 os、xlwings、pandas 等模块批量处理工作簿和工作表的方法。每个案例的代码都附有全面的解析，并通过“知识延伸”和“举一反三”等栏目帮助大家丰富知识储备，拓展应用思路，达到“学以致用”的目的。

案例 01　批量新建并保存工作簿

◎ 代码文件：批量新建并保存工作簿.py

◎ 应用场景

好酷啊！王老师，我感觉一眨眼，您就新建了上百个名称类似的工作簿。您是怎么办到的呢？有没有什么秘诀？

秘诀当然有，而且也很简单！将 for 语句与 xlwings 模块相结合，就可以轻松实现批量创建工作簿啦。

◎ 实现代码

```
1  import xlwings as xw  # 导入xlwings模块
2  app = xw.App(visible = True, add_book = False)  # 启动Excel程序，但
   不新建工作簿
3  for i in range(6):
4      workbook = app.books.add()  # 新建工作簿
5      workbook.save(f'e:\\file\\test{i}.xlsx')  # 保存新建的多个工作簿
```

◎ 代码解析

第 1 行代码用于导入 xlwings 模块。

第 2 行代码用于启动 Excel 程序。

第 3 ~ 5 行代码用 for 语句构造了一个循环来完成工作簿的批量新建和保存。

第 3 行代码的 range() 函数括号内的数值 6 代表新建工作簿的数量，如果要新建 100 个工作簿，则将该数值改为 100。根据 2.6.2 节中讲解的 for 语句的知识，上述代码在运行时 i 的值会依次变为 0、1、2、3、4、5。

第 4 行代码新建一个工作簿后，第 5 行代码接着在指定路径下以有规律的文件名保存新建的工作簿。其中的“e:\\file”是新建工作簿的保存路径，这里采用的是绝对路径的形式，如果写

成相对路径的形式“workbook.save(f'test{i}.xlsx')”，则会在上述代码文件所在的文件夹下保存新建的工作簿。“test{i}.xlsx”指定了工作簿的文件名，可以根据实际需求更改。其中的“test”和“.xlsx”是文件名中的固定部分，而“{i}”则是可变部分，运行时会被替换为 i 的实际值。前面说过，i 的值会依次变为 0、1、2、3、4、5，因此运行上述代码后，会在 E 盘下的“file”文件夹中新建 6 个工作簿，文件名分别为“test0.xlsx”“test1.xlsx”“test2.xlsx”“test3.xlsx”“test4.xlsx”“test5.xlsx”。

◎ 知识延伸

❶ 第 2 行代码中的 xw.App() 是 xlwings 模块中的一个函数，这个函数在第 3.3.1 节中曾介绍过，这里再详细介绍一下它的语法格式和常用参数含义。

表示启动 Excel 程序后是否显示程序窗口　　表示启动 Excel 程序后是否新建工作簿

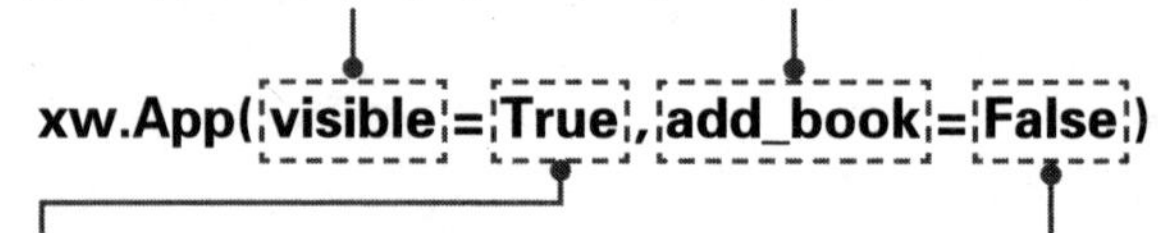

True 表示启动 Excel 程序后显示程序窗口；如果为 False，则表示启动 Excel 程序后，程序窗口在后台运行

False 表示只启动 Excel 程序，而不新建工作簿；如果为 True，则表示在启动 Excel 程序后新建一个空白工作簿

❷ 第 5 行代码在构造有规律的文件名时使用的是拼接字符串的方法。在 2.4.1 节中讲解过用“+”运算符来拼接字符串，这里使用的则是另一种方法——f-string 方法。该方法以 f 或 F 修饰符引领字符串，然后在字符串中以大括号 {} 标明被替换的内容。使用该方法无须事先转换数据类型就能将不同类型的数据拼接成字符串，演示代码如下：

```
1  name = '小明'
2  age = 7
3  a = f'{name}今年{age}岁。'
4  print(a)
```

运行结果如下：

```
1  小明今年7岁。
```

举一反三　批量新建并关闭工作簿

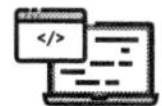

◎ 代码文件：批量新建并关闭工作簿.py

使用案例 01 的代码可以批量新建并保存工作簿，如果想要在完成新建与保存后关闭这些工作簿，还需要在案例 01 的代码后面添加关闭工作簿的代码。

```
1  import xlwings as xw
2  app = xw.App(visible = True, add_book = False)
3  for i in range(6):
4      workbook = app.books.add()
5      workbook.save(f'e:\\file\\test{i}.xlsx')
6      workbook.close()  # 关闭当前工作簿
7  app.quit()  # 退出Excel程序
```

案例 02　批量打开一个文件夹下的所有工作簿

◎ 代码文件：批量打开一个文件夹下的所有工作簿.py

◎ 数据文件：table（文件夹）

◎ 应用场景

哎呀，好烦啊！我经常要打开一个文件夹下的所有工作簿，每次都要花上好几分钟时间。就没有什么方法可以几秒钟搞定吗？

学会了 Python 编程就再也不用烦啦，这个问题用几行代码就能解决，下面就来看看具体的代码吧。

◎ 实现代码

```
1  import os  # 导入os模块
2  import xlwings as xw  # 导入xlwings模块
3  file_path = 'e:\\table'  # 给出工作簿所在的文件夹路径
4  file_list = os.listdir(file_path)  # 列出路径下所有文件和子文件夹的名称
5  app = xw.App(visible = True, add_book = False)  # 启动Excel程序
6  for i in file_list:
7      if os.path.splitext(i)[1] == '.xlsx':  # 判断文件夹下文件的扩展
       名是否为“.xlsx”
8          app.books.open(file_path + '\\' + i)  # 打开工作簿
```

◎ 代码解析

第 3 行和第 4 行代码用于列出要打开的工作簿所在文件夹下的所有文件和子文件夹的名称。第 3 行代码用于指定要打开的工作簿所在的文件夹路径，这里指定的是 E 盘的“table”文件夹，读者可根据实际的工作需求更改这个路径。

第 6 ～ 8 行代码的 for 语句用于打开工作簿。因为一个文件夹中可能存在其他类型的文件，所以在 for 语句中嵌套了 if 语句，以判断文件夹下文件的扩展名是否为“.xlsx”，如果是，就使用第 8 行代码打开；如果不是，则不打开。如果要打开的工作簿的扩展名为“.xls”，则要将第 7 行代码中的“.xlsx”更改为“.xls”。如果要同时打开扩展名为“.xlsx”和“.xls”的工作簿，可将第 7 行代码更改为“if os.path.splitext(i)[1] == '.xlsx' or os.path.splitext(i)[1] == '.xls':”。

◎ 知识延伸

❶ 第 4 行代码中的 listdir() 函数用于返回指定路径下的文件夹包含的文件和子文件夹的名称列表。这个函数在 3.2.2 节中曾介绍过，这里不再赘述。

❷ 第 7 行代码中的 splitext() 函数用于分离文件主名和扩展名。这个函数在 3.2.3 节中也曾介绍过，这里不再赘述。

举一反三　列出文件夹下所有文件和子文件夹的名称

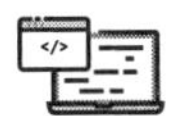

◎ 代码文件：列出文件夹下所有文件和子文件夹的名称.py
◎ 数据文件：table（文件夹）

如果只想查看某个文件夹下所有文件和子文件夹的名称，可以通过以下代码来实现。

```
1  import os
2  file_path = 'e:\\table'
3  file_list = os.listdir(file_path)
4  for i in file_list:
5      print(i)
```

案例 03　批量重命名一个工作簿中的所有工作表

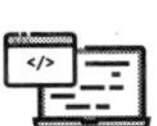

◎ 代码文件：批量重命名一个工作簿中的所有工作表.py
◎ 数据文件：统计表.xlsx

◎ 应用场景

我花了半天的时间终于把 7 个分部的统计表做好了，如下图所示，老板却临时让我把工作表名中的“销售”二字删掉。虽然一个一个地改也花不了多少时间，但是如果工作表有几十个甚至上百个，又该怎么办呢？

	A	B	C	D	E	F	G	H
1	单号	产品名称	成本价（元/个）	销售价（元/个）	销售数量（个）	产品成本（元）	销售收入（元）	销售利润（元）
2	201806123001	BACKPACK	¥16	¥65	60	¥960	¥3,900	¥2,940
3	201806123002	LUGGAGE	¥22	¥88	45	¥990	¥3,960	¥2,970
4	201806123003	WALLET	¥90	¥187	50	¥4,500	¥9,350	¥4,850
5	201806123004	BACKPACK	¥16	¥65	23	¥368	¥1,495	¥1,127
6	201806123005	HANDBAG	¥36	¥147	26	¥936	¥3,822	¥2,886
7	201806123006	LUGGAGE	¥22	¥88	85	¥1,870	¥7,480	¥5,610
8	201806123007	WALLET	¥90	¥187	78	¥7,020	¥14,586	¥7,566
9	201806123008	WALLET	¥90	¥187	100	¥9,000	¥18,700	¥9,700
10	201806123009	BACKPACK	¥16	¥65	25	¥400	¥1,625	¥1,225

销售分部一　销售分部二　销售分部三　销售分部四　销售分部五　销售分部六　销售分部七

就绪

不用担心，有了 Python，这种问题简直就是小菜一碟。你看看下图批量重命名工作表的效果，使用 Python 几秒就搞定了，而且我还把它另存在了一个新的工作簿中。下面就来看看具体的代码吧。

单号	产品名称	成本价（元/个）	销售价（元/个）	销售数量（个）	产品成本（元）	销售收入（元）	销售利润（元）
201806123001	BACKPACK	¥16	¥65	60	¥960	¥3,900	¥2,940
201806123002	LUGGAGE	¥22	¥88	45	¥990	¥3,960	¥2,970
201806123003	WALLET	¥90	¥187	50	¥4,500	¥9,350	¥4,850
201806123004	BACKPACK	¥16	¥65	23	¥368	¥1,495	¥1,127
201806123005	HANDBAG	¥36	¥147	26	¥936	¥3,822	¥2,886
201806123006	LUGGAGE	¥22	¥88	85	¥1,870	¥7,480	¥5,610
201806123007	WALLET	¥90	¥187	78	¥7,020	¥14,586	¥7,566
201806123008	WALLET	¥90	¥187	100	¥9,000	¥18,700	¥9,700
201806123009	BACKPACK	¥16	¥65	25	¥400	¥1,625	¥1,225

分部一 分部二 分部三 分部四 分部五 分部六 分部七

◎ 实现代码

```
1  import xlwings as xw  # 导入xlwings模块
2  app = xw.App(visible = False, add_book = False)  # 启动Excel程序
3  workbook = app.books.open('e:\\table\\统计表.xlsx')  # 打开工作簿
4  worksheets = workbook.sheets  # 获取工作簿中的所有工作表
5  for i in range(len(worksheets)):  # 遍历获取到的工作表
6      worksheets[i].name = worksheets[i].name.replace('销售', '')  # 重
       命名工作表
7  workbook.save('e:\\table\\统计表1.xlsx')  # 另存重命名工作表后的工作簿
8  app.quit()  # 退出Excel程序
```

◎ 代码解析

第 3 行代码用于打开要重命名工作表的工作簿，引号里的文件路径可根据实际需求更改。

第 4 行代码用于获取工作簿中的所有工作表。

第 5 行代码用 for 语句结合 range() 函数、len() 函数遍历获取到的工作表。

第 6 行代码用于批量重命名工作表，replace() 函数的两个参数可根据实际需求更改。需要注意的是，第 2 个参数的引号中没有任何内容，表示将工作表名中的“销售”替换为空白，相当于删除“销售”二字。

第 7 行代码用于将重命名工作表后的工作簿另存为“统计表1.xlsx”，如果不想另存而是直接保存，可将第 7 行代码改为“workbook.save()”。

◎ 知识延伸

❶ 第 5 行代码中的 range() 函数和 len() 函数分别在 2.6.2 节和 2.7.1 节中讲过，在实战中它们常常和 for 语句一起使用。这里详细解析一下本案例代码中它们各自的作用。本案例要对所有工作表进行重命名，因此，for 语句的循环次数就是工作表的个数。第 4 行代码获取到的 worksheets 实际上是一个工作表的序列，第 5 行代码中的 len(worksheets) 表示获取这个序列的长度，也就是工作表的个数。而第 6 行代码中需要根据工作表的序号（从 0 开始）来选中工作表，因此，第 5 行代码中又用 range() 函数根据工作表的个数生成了一个从 0 开始的整数序列。

❷ 在 3.3.4 节中介绍过根据工作表名选中工作表的方法，而第 6 行代码中的 worksheets[i] 则是选中工作表的另一种方法——根据序号选中工作表。选中工作表后，用工作表的 name 属性获取工作表名的字符串，再将获取到的字符串用 replace() 函数（在 2.7.1 节中讲过）进行查找和替换，完成后重新赋给 name 属性，这样就完成了工作表的重命名。

举一反三　批量重命名一个工作簿中的部分工作表

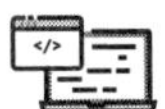

◎ 代码文件：批量重命名一个工作簿中的部分工作表.py

◎ 数据文件：统计表.xlsx

有时只想批量重命名一个工作簿中的部分工作表。例如，这里的“统计表.xlsx”中有 7 个工作表，如果只想重命名前 5 个工作表，只需修改案例 03 代码中的第 5 行代码。

```
1  import xlwings as xw
2  app = xw.App(visible = False, add_book = False)
3  workbook = app.books.open('e:\\table\\统计表.xlsx')
4  worksheets = workbook.sheets
5  for i in range(len(worksheets))[:5]:  # 通过切片来选中部分工作表
```

```
6       worksheets[i].name = worksheets[i].name.replace('销售', '')
7   workbook.save('e:\\table\\统计表1.xlsx')
8   app.quit()
```

案例 04　批量重命名多个工作簿

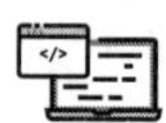

◎ 代码文件：批量重命名多个工作簿.py
◎ 数据文件：产品销售表（文件夹）

◎ 应用场景

王老师，Python 既然能批量重命名工作表，那肯定也能批量重命名工作簿吧？

当然可以，不过这是有前提条件的，要重命名的工作簿名必须是有规律的，如表 1、表 2、表 3；或者含有相同的关键字。如右图所示，这些工作簿名都含有关键字“销售表”。下面就来通过 Python 编程，将关键字“销售表”批量替换为“分部产品销售表”。

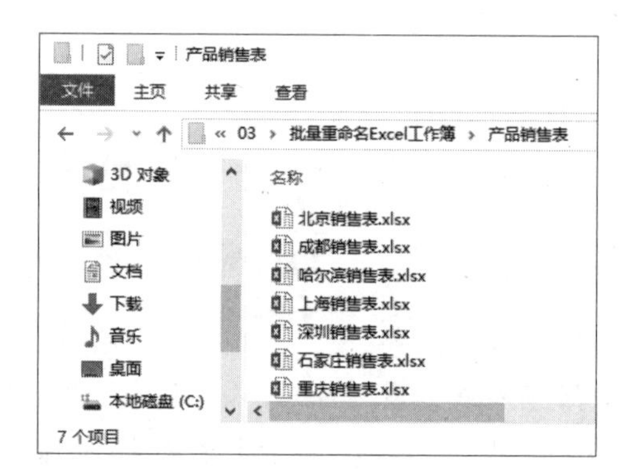

◎ 实现代码

```
1   import os  # 导入os模块
2   file_path = 'e:\\table\\产品销售表'   # 给出待重命名工作簿所在文件夹的
    路径
```

```
3   file_list = os.listdir(file_path)  # 列出文件夹下所有文件和子文件夹的
    名称
4   old_book_name = '销售表'  # 给出工作簿名中需要替换的旧关键字
5   new_book_name = '分部产品销售表'  # 给出工作簿名中要替换为的新关键字
6   for i in file_list:
7       if i.startswith('~$'):  # 判断是否有文件名以“~$”开头的临时文件
8           continue  # 如果有，则跳过这种类型的文件
9       new_file = i.replace(old_book_name, new_book_name)  # 执行查找
        和替换，生成新的工作簿名
10      old_file_path = os.path.join(file_path, i)  # 构造需要重命名工作
        簿的完整路径
11      new_file_path = os.path.join(file_path, new_file)  # 构造重命名
        后工作簿的完整路径
12      os.rename(old_file_path, new_file_path)  # 执行重命名
```

◎代码解析

第 4 行和第 5 行代码用于给出工作簿名中需要替换的旧关键字和替换为的新关键字。需要注意的是，这里的关键字不是工作簿名，只是工作簿名中的部分文字。

第 6 ～ 12 行代码用于批量重命名文件夹中的工作簿。

因为 Excel 会在使用过程中生成一些文件名以“~$”开头的临时文件，所以这里用第 7 行代码的 if 语句判断是否有这种类型的文件，如果有则跳过，不做处理，继续处理其他文件。

第 9 ～ 11 行代码用于构造工作簿的路径字符串，第 12 行代码则根据构造的路径字符串真正执行重命名操作。

◎知识延伸

❶ 第 7 行代码中的 startswith() 是 Python 内置的字符串函数，用于判断字符串是否以指定的子字符串开头。该函数的语法格式和常用参数含义如下。需要注意的是，如果存在参数 beg 和 end，则在指定范围内检索，否则将在整个字符串中检索。

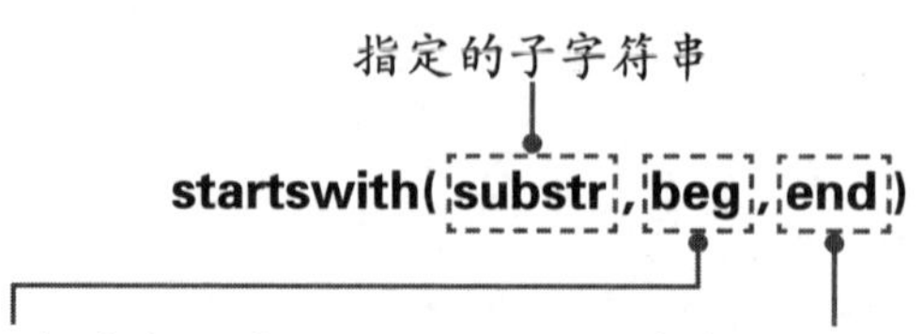

可选参数，用于设置字符串检索的起始位置索引，默认为 0

可选参数，用于设置字符串检索的结束位置索引，默认为字符串的长度

❷ 第 10 行和第 11 行代码中的 os.path.join() 是 os 模块中的函数，用于把文件夹名和文件名拼接成一个完整路径，该函数的语法格式和常用参数含义如下。

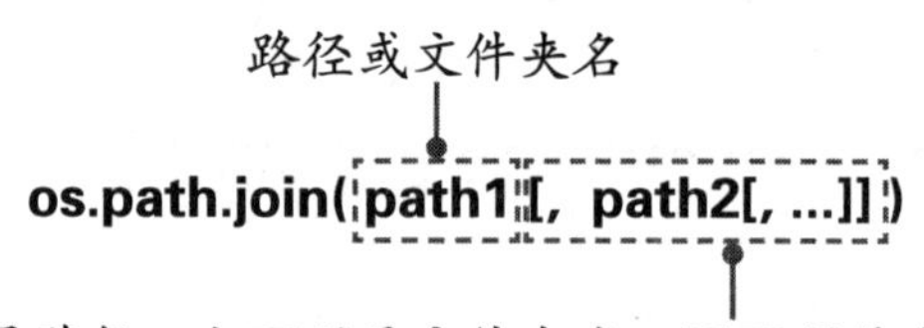

可以是路径，也可以是文件夹名，还可以是文件名

❸ 第 12 行代码中的 rename() 是 os 模块中的函数，用于重命名文件和文件夹，这个函数在 3.2.4 节中已经详细介绍过，这里不再赘述。

举一反三 批量重命名多个工作簿中的同名工作表

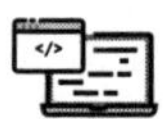

◎ 代码文件：批量重命名多个工作簿中的同名工作表.py
◎ 数据文件：信息表（文件夹）

如果只想重命名多个工作簿中的同名工作表，可以通过以下代码来快速完成。

```
1  import os
2  import xlwings as xw
3  file_path = 'e:\\table\\信息表'
4  file_list = os.listdir(file_path)
5  old_sheet_name = 'Sheet1'  # 给出需要修改的工作表名
```

```
6   new_sheet_name = '员工信息'  # 列出修改后的工作表名
7   app = xw.App(visible = False, add_book = False)
8   for i in file_list:
9       if i.startswith('~$'):
10          continue
11      old_file_path = os.path.join(file_path, i)
12      workbook = app.books.open(old_file_path)
13      for j in workbook.sheets:
14          if j.name == old_sheet_name:  # 判断工作表名是否为“Sheet1”
15              j.name = new_sheet_name  # 如果是，则重命名工作表
16      workbook.save()  # 保存工作簿
17  app.quit()  # 退出Excel程序
```

案例 05　在多个工作簿中批量新增工作表

◎ 代码文件：在多个工作簿中批量新增工作表.py

◎ 数据文件：销售表（文件夹）

◎ 应用场景

王老师，前面学习了这么多完成批量操作的代码，我就想试一试自己编写代码，在一个文件夹下的所有工作簿中都新增一个指定名称的工作表，结果还是不知道该从哪里入手。

不要心急，这才刚学了 4 个案例呢。俗话说“一口吃不成胖子”，不管学习什么知识，都要一步一个脚印地稳扎稳打，才能真正有所收获。你说的这个问题也好解决，下面一起来看看具体的代码吧。

◎ 实现代码

```
1  import os  # 导入os模块
2  import xlwings as xw  # 导入xlwings模块
3  file_path = 'e:\\table\\销售表'  # 给出要新增工作表的工作簿所在的文件
   夹路径
4  file_list = os.listdir(file_path)  # 列出文件夹下所有文件和子文件夹的
   名称
5  sheet_name = '产品销售区域'  # 给出要新增的工作表的名称
6  app = xw.App(visible = False, add_book = False)  # 启动Excel程序
7  for i in file_list:
8      if i.startswith('~$'):  # 判断是否有文件名以“~$”开头的文件
9          continue  # 如果有，则跳过这种类型的文件
10     file_paths = os.path.join(file_path, i)  # 构造需要新增工作表的
       工作簿的文件路径
11     workbook = app.books.open(file_paths)  # 根据路径打开需要新增工
       作表的工作簿
12     sheet_names = [j.name for j in workbook.sheets]  # 获取打开的工
       作簿中所有工作表的名称
13     if sheet_name not in sheet_names:  # 判断工作簿中是否不存在名为
       “产品销售区域”的工作表
14         workbook.sheets.add(sheet_name)  # 如果不存在，则新增工作表
           “产品销售区域”
15         workbook.save()  # 保存工作簿
16 app.quit()  # 退出Excel程序
```

◎ 代码解析

第 3 ～ 5 行代码的作用在注释中已经说得很清楚了。第 5 行代码中的工作表名称可根据实

际需求更改。

第 7 ～ 15 行代码用于逐个打开指定文件夹下的工作簿，然后在其中新增一个名为“产品销售区域”的工作表。第 13 ～ 15 行代码使用 if 语句判断打开的工作簿中是否已经存在要新增的工作表“产品销售区域”，如果不存在，则新增该工作表并保存工作簿，如果已存在，则不新增。

第 16 行代码用于关闭所有打开的工作簿并退出 Excel 程序。

◎ 知识延伸

第 9 行代码中的 continue 语句在案例 04 的代码中也出现过，它只能与 for 语句或 while 语句搭配使用，功能是跳过当前循环的剩余语句，然后继续进行下一轮循环，其运行流程如下图所示。continue 语句通常配合 if 语句使用，如第 8 行和第 9 行代码。

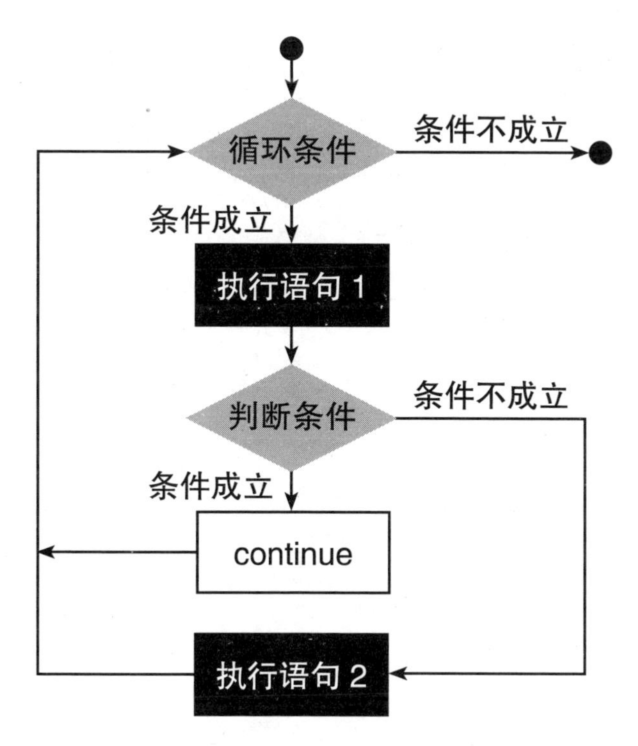

与 continue 语句的功能和用法类似的还有一个 break 语句。该语句用于终止整个循环，其运行流程如下图所示。

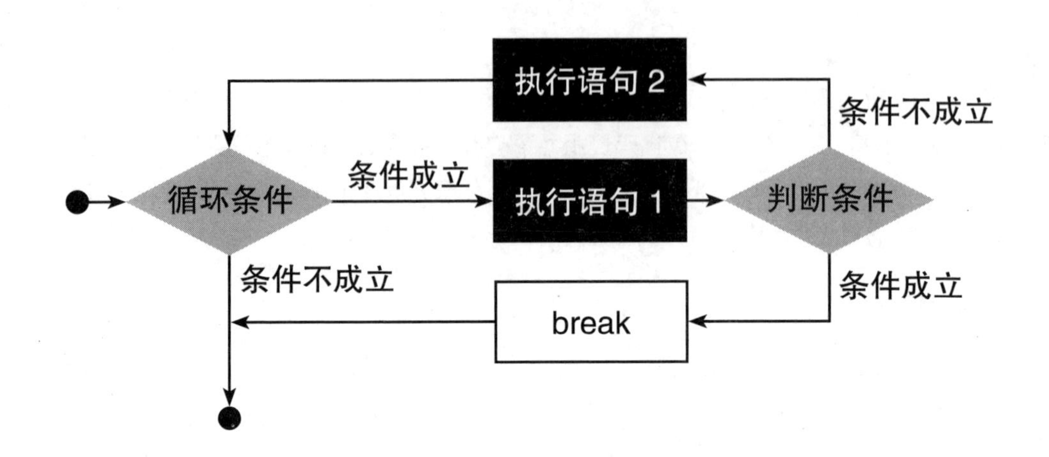

举一反三 在多个工作簿中批量删除工作表

◎ 代码文件：在多个工作簿中批量删除工作表.py
◎ 数据文件：销售表1（文件夹）

通过以下代码可以批量删除某个文件夹下所有工作簿中指定名称的工作表。

```
1  import os
2  import xlwings as xw
3  file_path = 'e:\\table\\销售表1'
4  file_list = os.listdir(file_path)
5  sheet_name = '产品销售区域'  # 给出要删除的工作表的名称
6  app = xw.App(visible = False, add_book = False)
7  for i in file_list:
8      if i.startswith('~$'):
9          continue
10     file_paths = os.path.join(file_path, i)
11     workbook = app.books.open(file_paths)
```

```
12      for j in workbook.sheets:
13          if j.name == sheet_name:   # 判断工作簿中是否有名为“产品销售
            区域”的工作表
14              j.delete()  # 如果有，则删除该工作表
15              break
16      workbook.save()  # 保存工作簿
17  app.quit()  # 退出Excel程序
```

案例 06　批量打印工作簿

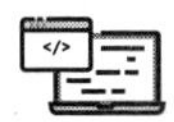

◎ 代码文件：批量打印工作簿.py

◎ 数据文件：公司（文件夹）

◎ 应用场景

王老师，我又碰到了一个关于 Excel 的批量处理问题，那就是如何才能一次性地打印多个工作簿呢？

其实也不难，涉及的代码大部分在前面已经学习过了，只有一个新的函数需要学习，那就是专门用于打印的函数 PrintOut()。

◎ 实现代码

```
1  import os  # 导入os模块
2  import xlwings as xw  # 导入xlwings模块
3  file_path = 'e:\\table\\公司'  # 给出要打印的工作簿所在的文件夹路径
4  file_list = os.listdir(file_path)  # 列出文件夹下所有文件和子文件夹
   的名称
```

```
5   app = xw.App(visible = False, add_book = False)
6   for i in file_list:
7       if i.startswith('~$'):  # 判断是否有文件名以“~$”开头的文件
8           continue  # 如果有，则跳过这种类型的文件
9       file_paths = os.path.join(file_path, i)  # 获取需要打印的工作簿
        的文件路径
10      workbook = app.books.open(file_paths)  # 打开要打印的工作簿
11      workbook.api.PrintOut()  # 打印工作簿
12  app.quit()  # 退出Excel程序
```

◎ 代码解析

第 6 ～ 11 行代码用于打印文件夹中所有工作簿中的所有工作表。其中的第 7 行和第 8 行代码用于判断文件名是否以“~$”开头，如果是，则不打开，如果不是，则使用第 10 行代码打开工作簿，然后使用第 11 行代码打印该工作簿。

◎ 知识延伸

因为 xlwings 模块没有提供打印工作簿的函数，所以第 11 行代码利用工作簿对象的 api 属性调用 VBA 的 PrintOut() 函数来打印工作簿，该函数的语法格式和常用参数含义如下。

PrintOut(From, To, Copies, Preview, ActivePrinter, PrintToFile, Collate, PrToFileName)

参数	说明
From	可选参数，指定打印的开始页码。如果省略该参数，则从头开始打印
To	可选参数，指定打印的终止页码。如果省略该参数，则打印至最后一页
Copies	可选参数，指定打印份数。如果省略该参数，则只打印一份
Preview	可选参数，如果为 True，Excel 会在打印之前显示打印预览界面。如果为 False 或省略该参数，则会立即打印

续表

参数	说明
ActivePrinter	可选参数，设置要使用的打印机的名称。如果省略此参数，则表示使用操作系统的默认打印机
PrintToFile	可选参数，如果为 True，则表示不打印到打印机，而是打印成一个 prn 文件。如果没有指定 PrToFileName，Excel 将提示用户输入文件名
Collate	可选参数，如果为 True，则逐份打印多个副本
PrToFileName	可选参数，如果将 PrintToFile 设置为 True，则用该参数指定 prn 文件的文件名

举一反三　批量打印多个工作簿中的指定工作表

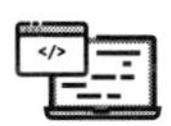

◎ 代码文件：批量打印多个工作簿中的指定工作表.py

◎ 数据文件：公司1（文件夹）

如果只想要打印多个工作簿中某个特定名称的工作表，可以通过以下代码来完成。

```
1   import os
2   import xlwings as xw
3   file_path = 'e:\\table\\公司1'
4   file_list = os.listdir(file_path)
5   sheet_name = '产品分类表'  # 给出要打印的工作表的名称
6   app = xw.App(visible = False, add_book = False)
7   for i in file_list:
8       if i.startswith('~$'):
9           continue
10      file_paths = os.path.join(file_path, i)
11      workbook = app.books.open(file_paths)
```

```
    for j in workbook.sheets:
        if j.name == sheet_name:  # 判断工作簿中是否存在名为“产品分类表”的工作表
            j.api.PrintOut()  # 如果存在，则打印该工作表
            break
app.quit()  # 退出Excel程序
```

案例 07　将一个工作簿的所有工作表批量复制到其他工作簿

◎ 代码文件：将一个工作簿的所有工作表批量复制到其他工作簿.py

◎ 数据文件：信息表.xlsx、销售表（文件夹）

◎ 应用场景

王老师，最近我需要频繁进行的一项工作就是在每种产品的销售数据工作簿中分别录入相同的员工信息和产品分类数据。公司目前产品种类不多，所以用 Excel 的复制工作表功能很快就能完成。但是随着公司的发展，产品种类会越来越多，我是不是应该考虑用 Python 编程来完成这项工作呢？

你能有这种“未雨绸缪”的想法非常好，这项工作用 Python 编程来完成也是完全没有问题的。为方便讲解，我们把要复制的员工信息和产品分类数据所在的工作簿称为来源工作簿，把每种产品的销售数据工作簿称为目标工作簿，下面来看看具体的代码吧。

◎ 实现代码

```
import os  # 导入os模块
import xlwings as xw  # 导入xlwings模块
app = xw.App(visible = False, add_book = False)
```

```
4   file_path = 'e:\\table\\销售表'  # 给出目标工作簿所在的文件夹路径
5   file_list = os.listdir(file_path)  # 列出文件夹下所有文件和子文件夹的
    名称
6   workbook = app.books.open('e:\\table\\信息表.xlsx')  # 打开来源工作簿
7   worksheet = workbook.sheets  # 获取来源工作簿中的所有工作表
8   for i in file_list:
9       if os.path.splitext(i)[1] == '.xlsx':  # 判断文件是否是工作簿
10          workbooks = app.books.open(file_path + '\\' + i)  # 如果是
            工作簿则将其打开
11          for j in worksheet:
12              contents = j.range('A1').expand('table').value  # 读取
                来源工作簿中要复制的工作表数据
13              name = j.name  # 获取来源工作簿中的工作表名称
14              workbooks.sheets.add(name = name, after = workbooks.
                sheets[-1])  # 在目标工作簿的最后一个工作表之后新增同名工作表
15              workbooks.sheets[name].range('A1').value = contents  # 将
                从来源工作簿中读取的工作表数据写入新增工作表
16          workbooks.save()  # 保存目标工作簿
17  app.quit()  # 退出Excel程序
```

◎ 代码解析

第 4 ～ 7 行代码的作用在注释中已经说得很清楚了，其中第 4 行和第 6 行代码中的文件夹路径和工作簿名称可根据实际情况更改。

第 8 ～ 16 行代码用于将来源工作簿中的所有工作表数据复制到目标工作簿中。其中，第 9 行代码用于判断文件夹中的文件是否是工作簿，如果是就打开并做后续处理，否则不打开。打开工作簿后，通过第 11 ～ 15 行代码依次读取来源工作簿中的所有工作表数据，然后在目标工作簿中新增同名工作表并写入读取的数据，循环操作后，完成批量复制。

◎ 知识延伸

第 12 行代码中的 expand() 是 xlwings 模块中的函数，用于扩展选择范围，其语法格式和常用参数含义如下。

expand(mode)

默认值为 'table'，表示向整个数据表扩展。也可以为 'down' 或 'right'，分别表示向表的下方和右方扩展

举一反三 将某个工作表的数据批量复制到其他工作簿的指定工作表中

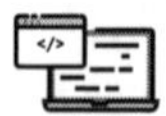

◎ 代码文件：将某个工作表的数据批量复制到其他工作簿的指定工作表中.py

◎ 数据文件：新增产品表.xlsx、销售表1（文件夹）

通过以下代码可将一个工作表中的数据批量复制到其他多个工作簿的指定工作表中。

```
1  import os
2  import xlwings as xw
3  app = xw.App(visible = False, add_book = False)
4  file_path = 'e:\\table\\销售表1'
5  file_list = os.listdir(file_path)
6  workbook = app.books.open('e:\\table\\新增产品表.xlsx')
7  worksheet = workbook.sheets['新增产品']  # 选中工作表“新增产品”
8  value = worksheet.range('A1').expand('table')  # 选中工作表“新增产
   品”中已有数据的单元格区域
9  start_cell = (2, 1)  # 给出要复制数据的单元格区域的起始单元格
10 end_cell = (value.shape[0], value.shape[1])  # 给出要复制数据的单元
   格区域的结束单元格
```

```
11  cell_area = worksheet.range(start_cell, end_cell).value  # 根据前面
    设定的单元格区域选取要复制的数据
12  for i in file_list:
13      if os.path.splitext(i)[1] == '.xlsx':
14          try:
15              workbooks = app.books.open(file_path + '\\' + i)
16              sheet = workbooks.sheets['产品分类表']  # 选中要粘贴数据
                的工作表“产品分类表”
17              scope = sheet.range('A1').expand()  # 选中工作表“产品分
                类表”中已有数据的单元格区域
18              sheet.range(scope.shape[0] + 1, 1).value = cell_area  # 在
                已有数据的单元格区域下方粘贴数据
19              workbooks.save()  # 保存目标工作簿
20          finally:
21              workbooks.close()  # 关闭目标工作簿
22  workbook.close()  # 关闭来源工作簿
23  app.quit()  # 退出Excel程序
```

案例 08　按条件将一个工作表拆分为多个工作簿

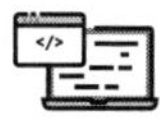

◎ 代码文件：按条件将一个工作表拆分为多个工作簿.py

◎ 数据文件：产品统计表.xlsx

◎ 应用场景

在统计产品销售数据时，我将所有产品的销售数据都放在工作簿“产品统计表.xlsx”中的工作表“统计表”中，如下图所示，但是现在老板又让我将不同产品的销售数据放置在不同的工作簿中。也就是说，产品“背包”

的销售数据要提取出来并放置在工作簿“背包.xlsx”中，产品“行李箱”的销售数据要提取出来并放置在工作簿“行李箱.xlsx”中，依此类推。虽然可以用 Excel 的筛选功能完成，但是如果产品有上百种，操作起来既耗时又枯燥。有没有更好的办法呢？

	A	B	C	D	E	F	G	H
1	单号	产品名称	成本价（元/个）	销售价（元/个）	销售数量（个）	产品成本（元）	销售收入（元）	销售利润（元）
2	6123001	背包	¥16	¥65	600	¥9,600	¥39,000	¥29,400
3	6123002	行李箱	¥22	¥88	450	¥9,900	¥39,600	¥29,700
4	6123003	钱包	¥90	¥187	500	¥45,000	¥93,500	¥48,500
5	6123004	背包	¥16	¥65	230	¥3,680	¥14,950	¥11,270
6	6123005	手提包	¥36	¥147	260	¥9,360	¥38,220	¥28,860
7	6123006	行李箱	¥22	¥88	850	¥18,700	¥74,800	¥56,100
8	6123007	钱包	¥90	¥187	780	¥70,200	¥145,860	¥75,660
9	6123008	钱包	¥90	¥187	1000	¥90,000	¥187,000	¥97,000
10	6123009	背包	¥16	¥65	250	¥4,000	¥16,250	¥12,250
11	6123010	钱包	¥90	¥187	360	¥32,400	¥67,320	¥34,920
12	6123011	单肩包	¥58	¥124	630	¥36,540	¥78,120	¥41,580
13	6123012	行李箱	¥22	¥88	550	¥12,100	¥48,400	¥36,300

统计表 Sheet1

就绪

你想要实现的就是下图这样的效果嘛。这也简单，下面还是用来源工作簿和目标工作簿这样的叫法来讲解代码。

	A	B	C	D	E	F	G	H
1	单号	产品名称	成本价（元/个）	销售价（元/个）	销售数量（个）	产品成本（元）	销售收入（元）	销售利润（元）
2	6123001	背包	¥16.00	¥65.00	600	¥9,600.00	¥39,000.00	¥29,400.00
3	6123004	背包	¥16.00	¥65.00	230	¥3,680.00	¥14,950.00	¥11,270.00
4	6123009	背包	¥16.00	¥65.00	250	¥4,000.00	¥16,250.00	¥12,250.00
5	6123013	背包	¥16.00	¥65.00	690	¥11,040.00	¥44,850.00	¥33,810.00
6	6123021	背包	¥16.00	¥65.00	550	¥8,800.00	¥35,750.00	¥26,950.00
7	6123027	背包	¥16.00	¥65.00	560	¥8,960.00	¥36,400.00	¥27,440.00
8	6123032	背包	¥16.00	¥65.00	150	¥2,400.00	¥9,750.00	¥7,350.00
9	6123034	背包	¥16.00	¥65.00	400	¥6,400.00	¥26,000.00	¥19,600.00
10	6123040	背包	¥16.00	¥65.00	350	¥5,600.00	¥22,750.00	¥17,150.00
11	6123042	背包	¥16.00	¥65.00	750	¥12,000.00	¥48,750.00	¥36,750.00
12	6123043	背包	¥16.00	¥65.00	800	¥12,800.00	¥52,000.00	¥39,200.00
13	6123047	背包	¥16.00	¥65.00	630	¥10,080.00	¥40,950.00	¥30,870.00

背包 Sheet1 Sheet2 Sheet3

就绪

	A	B	C	D	E	F	G	H
1	单号	产品名称	成本价（元/个）	销售价（元/个）	销售数量（个）	产品成本（元）	销售收入（元）	销售利润（元）
2	6123002	行李箱	¥22.00	¥88.00	450	¥9,900.00	¥39,600.00	¥29,700.00
3	6123006	行李箱	¥22.00	¥88.00	850	¥18,700.00	¥74,800.00	¥56,100.00
4	6123012	行李箱	¥22.00	¥88.00	550	¥12,100.00	¥48,400.00	¥36,300.00
5	6123018	行李箱	¥22.00	¥88.00	210	¥4,620.00	¥18,480.00	¥13,860.00
6	6123026	行李箱	¥22.00	¥88.00	800	¥17,600.00	¥70,400.00	¥52,800.00
7	6123028	行李箱	¥22.00	¥88.00	660	¥14,520.00	¥58,080.00	¥43,560.00
8	6123031	行李箱	¥22.00	¥88.00	240	¥5,280.00	¥21,120.00	¥15,840.00
9	6123035	行李箱	¥22.00	¥88.00	600	¥13,200.00	¥52,800.00	¥39,600.00
10	6123037	行李箱	¥22.00	¥88.00	600	¥13,200.00	¥52,800.00	¥39,600.00
11	6123038	行李箱	¥22.00	¥88.00	800	¥17,600.00	¥70,400.00	¥52,800.00
12	6123039	行李箱	¥22.00	¥88.00	700	¥15,400.00	¥61,600.00	¥46,200.00
13	6123041	行李箱	¥22.00	¥88.00	870	¥19,140.00	¥76,560.00	¥57,420.00

行李箱 Sheet1 Sheet2 Sheet3

就绪

◎ 实现代码

```
1  import xlwings as xw  # 导入xlwings模块
2  file_path = 'e:\\table\\产品统计表.xlsx'  # 给出来源工作簿的文件路径
3  sheet_name =  '统计表'  # 给出要拆分的工作表的名称
4  app = xw.App(visible = True, add_book = False)  # 启动Excel程序
5  workbook = app.books.open(file_path)  # 打开来源工作簿
6  worksheet = workbook.sheets[sheet_name]  # 选中要拆分的工作表
7  value = worksheet.range('A2').expand('table').value  # 读取要拆分的
   工作表中的所有数据
8  data = dict()  # 创建一个空字典用于按产品名称分类存放数据
9  for i in range(len(value)):  # 按行遍历工作表数据
10     product_name = value[i][1]  # 获取当前行的产品名称，作为数据的分
       类依据
11     if product_name not in data:  # 判断字典中是否不存在当前行的产品
       名称
12         data[product_name] = []  # 如果不存在，则创建一个与当前行的产
           品名称对应的空列表，用于存放当前行的数据
13     data[product_name].append(value[i])  # 将当前行的数据追加到当前
       行的产品名称对应的列表中
14 for key,value in data.items():  # 按产品名称遍历分类后的数据
15     new_workbook = app.books.add()  # 新建目标工作簿
16     new_worksheet = new_workbook.sheets.add(key)  # 在目标工作簿中新
       增工作表并命名为当前的产品名称
17     new_worksheet['A1'].value = worksheet['A1:H1'].value  # 将要拆
       分的工作表的列标题复制到新建的工作表中
18     new_worksheet['A2'].value = value  # 将当前产品名称下的数据复制到
       新建的工作表中
```

```
19        new_workbook.save('{}.xlsx'.format(key))  # 以当前产品名称作为文件名保存目标工作簿
20    app.quit()  # 退出Excel程序
```

◎ 代码解析

第 2 ～ 7 行代码用于指定要拆分哪个工作簿中的哪个工作表，并读取这个工作表中的所有数据。第 7 行代码中的“A2”是指读取数据的起始单元格，可根据实际需求更改。

第 9 ～ 13 行代码中的 for 语句利用第 8 行代码中创建的空字典来按照产品名称分类整理前面读取的数据。第 10 行代码中的 value[i][1] 用于按数据区域的行和列确定分类依据，两个中括号中的值分别用于指定行序号和列序号（均从 0 开始），例如，[0][0] 代表第 1 行第 1 列，[0][1] 代表第 1 行第 2 列，[1][1] 代表第 2 行第 2 列，依此类推。本案例的分类依据是“产品名称”，该列位于整个数据区域的 B 列，也就是第 2 列，所以 value 后为 [i][1]。读者可根据实际需求设置分类依据。

第 14 ～ 19 行代码中的 for 语句用于新建工作簿，并将前面分类整理好的数据分别复制到这些新建工作簿的工作表中。第 17 行代码中，A1:H1 代表要拆分的工作表“统计表”的列标题单元格区域，A1 则表示从新建工作簿中工作表的单元格 A1 开始粘贴列标题单元格区域。第 18 行代码中的 A2 是指从新建工作簿中工作表的单元格 A2 开始粘贴分类后的产品数据。这 3 个参数可以根据实际需求更改。

◎ 知识延伸

第 19 行代码在指定工作簿的文件名时使用了一种新的字符串拼接方法——format() 函数法，该函数的用法比较灵活，演示代码如下：

```
1  s1 = '{}今年{}岁。'.format('小明', 7)  # 不设置拼接位置，按默认顺序拼接
2  s2 = '{1}今年{0}岁。'.format(7, '小明')  # 用数字序号指定拼接位置
3  s3 = '{name}今年{age}岁。'.format(name='小明', age=7)  # 用变量名指定拼接位置
4  print(s1)
```

```
5   print(s2)
6   print(s3)
```

运行结果如下：

```
1   小明今年7岁。
2   小明今年7岁。
3   小明今年7岁。
```

举一反三　按条件将一个工作表拆分为多个工作表

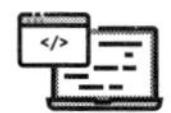

◎ 代码文件：按条件将一个工作表拆分为多个工作表.py

◎ 数据文件：产品统计表.xlsx

案例 08 的代码是将拆分后的数据分别保存在不同的工作簿中，如果想要将拆分后的数据保存在一个工作簿的不同工作表中，可以使用以下代码来实现。

```
1   import xlwings as xw
2   import pandas as pd
3   app = xw.App(visible = True, add_book = False)
4   workbook = app.books.open('e:\\table\\产品统计表.xlsx')
5   worksheet = workbook.sheets['统计表']
6   value = worksheet.range('A1').options(pd.DataFrame, header = 1, 
    index = False, expand = 'table').value  # 读取要拆分的工作表数据
7   data = value.groupby('产品名称')  # 将数据按照“产品名称”分组
8   for idx, group in data:
9       new_worksheet = workbook.sheets.add(idx)  # 在工作簿中新增工作
        表并命名为当前的产品名称
```

```
10        new_worksheet['A1'].options(index = False).value = group  # 将
          数据添加到新增的工作表
11    workbook.save()
12    workbook.close()
13    app.quit()
```

举一反三 将多个工作表拆分为多个工作簿

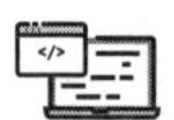

◎ 代码文件：将多个工作表拆分为多个工作簿.py

◎ 数据文件：产品销售表.xlsx

使用案例 08 的代码可以将一个工作表拆分为多个工作簿，如果想要将一个工作簿中的多个工作表拆分为多个工作簿，如将工作簿“产品销售表.xlsx”中的工作表“产品分类表”和“销售记录表”拆分为两个工作簿“产品分类表.xlsx”和“销售记录表.xlsx”，可以使用以下代码来实现。

```
1    import xlwings as xw
2    workbook_name = 'e:\\table\\产品销售表.xlsx'  # 指定要拆分的来源工作簿
3    app = xw.App(visible = False, add_book = False)
4    workbook = app.books.open(workbook_name)
5    for i in workbook.sheets:  # 遍历来源工作簿中的工作表
6        workbook_split = app.books.add()  # 新建一个目标工作簿
7        sheet_split = workbook_split.sheets[0]  # 选择目标工作簿中的第一
         个工作表
8        i.api.Copy(Before = sheet_split.api)  # 将来源工作簿中的当前工作
         表复制到目标工作簿的第一个工作表之前
```

```
9        workbook_split.save('{}.xlsx'.format(i.name))  # 以当前工作表的名称作为文件名保存目标工作簿
10   app.quit()
```

案例 09　批量合并多个工作簿中的同名工作表

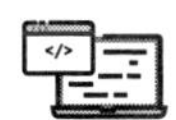

◎ 代码文件：批量合并多个工作簿中的同名工作表.py

◎ 数据文件：销售统计（文件夹）

◎ 应用场景

王老师，合并工作表的代码是不是和拆分工作表的代码差不多，只需要做一些小改动呢？

你把这个问题想得太简单了，合并工作表的代码会更复杂一点。下面我以合并多个工作簿中的同名工作表为例，让你看看它和拆分工作表的区别。

◎ 实现代码

```
1  import os  # 导入os模块
2  import xlwings as xw  # 导入xlwings模块
3  file_path = 'e:\\table\\销售统计'  # 给出要合并工作表的多个工作簿所在的文件夹路径
4  file_list = os.listdir(file_path)  # 给出文件夹下所有文件和子文件夹的名称
5  sheet_name = '产品销售统计'  # 给出要合并的同名工作表的名称
6  app = xw.App(visible = False, add_book = False)  # 启动Excel程序
```

```
7   header = None  # 定义变量header，初始值为一个空对象，后续用于存放要合并的工作表中数据的列标题
8   all_data = []  # 创建一个空列表
9   for i in file_list:
10      if i.startswith('~$'):  # 判断是否有文件名以“~$”开头的文件
11          continue
12      file_paths = os.path.join(file_path, i)  # 构造要合并的工作簿的文件路径
13      workbook = app.books.open(file_paths)  # 打开要合并的工作簿
14      for j in workbook.sheets:
15          if j.name == sheet_name:  # 判断工作表的名称是否为“产品销售统计”
16              if header == None:  # 判断变量header中是否已经存放了列标题
17                  header = j['A1:I1'].value  # 如果未存放，则读取列标题并赋给变量header
18              values = j['A2'].expand('table').value  # 读取要合并的工作表中的数据
19              all_data = all_data + values  # 合并多个工作簿中的同名工作表数据
20  new_workbook = app.books.add()  # 新建工作簿
21  new_worksheet = new_workbook.sheets.add(sheet_name)  # 在新建工作簿中新增名为“产品销售统计”的工作表
22  new_worksheet['A1'].value = header  # 将要合并的工作表的列标题复制到新增工作表中
23  new_worksheet['A2'].value = all_data  # 将要合并的工作表的数据复制到新增工作表中
24  new_worksheet.autofit()  # 根据合并后的数据内容自动调整新增工作表的行高和列宽
```

```
25  new_workbook.save('e:\\table\\上半年产品销售统计表.xlsx')  # 保存新建工作簿并命名为“上半年产品销售统计表.xlsx”
26  app.quit()  # 退出Excel程序
```

◎ 代码解析

第 3 ～ 5 行代码用于给出要批量合并工作表的工作簿所在的文件夹路径及要合并的工作表的名称。其中，第 3 行和第 5 行代码里的文件夹路径和工作表名称可根据实际需求更改。

第 9 ～ 19 行代码用于合并同名工作表中的数据内容。第 15 行代码中的 if 语句用于判断工作簿中是否存在工作表“产品销售统计”，只有存在这个工作表，才能提取工作表的标题和数据内容，然后合并多个工作簿中的同名工作表内容。

第 20 行和第 21 行代码用于新建一个工作簿，并在其中新增一个工作表“产品销售统计”，用于存放合并后的工作表内容。第 22 ～ 24 行代码用于将同名工作表中的列标题和数据复制到工作表“产品销售统计”中。第 25 行代码用于保存工作簿，其中设置的工作簿名称可以根据实际需求更改。

◎ 知识延伸

❶ 第 7 行代码中的 None 是 Python 中的一个常量，表示一个空对象，它有自己的数据类型 NoneType。需要注意的是，None 和一些数据为空的对象，如空列表（[]）、空字符串（''）等是不一样的。

❷ 第 24 行代码中的 autofit() 是 xlwings 模块中工作表对象的函数，用于自动适应调整整个工作表的列宽和行高。该函数的语法格式和常用参数含义如下。

若省略，表示同时自动适应调整列宽和行高；若设置为 'rows' 或 'r'，表示自动适应调整行高；若设置为 'columns' 或 'c'，表示自动适应调整列宽

举一反三 将工作簿中名称有规律的工作表合并到一个工作表

◎ 代码文件：将工作簿中名称有规律的工作表合并到一个工作表.py

◎ 数据文件：采购表.xlsx

如果要将一个工作簿中名称有规律的工作表，如 1 月、2 月、3 月……，合并到当前工作簿的一个新工作表中，可以通过以下代码来实现。

```
1  import os
2  import xlwings as xw
3  workbook_name = 'e:\\table\\采购表.xlsx'  # 指定要合并工作表的工作簿
4  sheet_names = [str(sheet)+'月' for sheet in range(1,7)]  # 列出工作
   簿中要合并的有规律的工作表名称
5  new_sheet_name = '上半年统计表'  # 指定合并后的新工作表名称
6  app = xw.App(visible = False, add_book = False)
7  workbook = app.books.open(workbook_name)
8  for i in workbook.sheets:
9      if new_sheet_name in i.name:  # 判断工作簿中是否已存在名为“上半
       年统计表”的工作表
10         i.delete()  # 如果已存在，则删除该工作表
11 new_worksheet = workbook.sheets.add(new_sheet_name)  # 在工作簿中新
   增一个名为“上半年统计表”的工作表
12 title_copyed = False
13 for j in workbook.sheets:
14     if j.name in sheet_names:
15         if title_copyed == False:
```

```
16              j['A1'].api.EntireRow.Copy(Destination = new_worksheet
                ["A1"].api)   # 将要合并的工作表的列标题复制到新增的工作表
                “上半年统计表”中
17              title_copyed = True
18          row_num = new_worksheet['A1'].current_region.last_cell.row  # 列
            出新增工作表含有数据的区域的最后一行
19          j['A1'].current_region.offset(1, 0).api.Copy(Destination
            = new_worksheet["A{}".format(row_num + 1)].api)  # 在最后一
            行的下一行复制其他要合并工作表的数据，不复制列标题
20      new_worksheet.autofit()
21      workbook.save()
22      app.quit()
```

第5章

使用 Python 批量处理行、列和单元格

实际工作中，工作表中的行、列和单元格也会经常需要做批量处理。本章将继续通过多个案例详细介绍用 os、xlwings、pandas 等模块批量处理行、列和单元格的方法。

案例 01　精确调整多个工作簿的行高和列宽

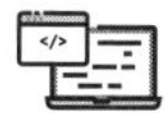

◎ 代码文件：精确调整多个工作簿的行高和列宽.py
◎ 数据文件：销售表（文件夹）

◎ 应用场景

王老师，Python 是不是只能完成与工作簿和工作表有关的批量操作呢？

当然不是。除了前面讲解的工作簿和工作表的批量操作，Python 还可以对工作表中的行、列和单元格等元素进行批量设置。例如，要调整行高和列宽，可以使用 xlwings 模块的 column_width 和 row_height 属性，再加上 for 语句，就可以实现批量调整了。

◎ 实现代码

```
1   import os  # 导入os模块
2   import xlwings as xw  # 导入xlwings模块
3   file_path = 'e:\\table\\销售表'  # 给出工作簿所在的文件夹路径
4   file_list = os.listdir(file_path)  # 列出文件夹下所有文件和子文件夹的
    名称
5   app = xw.App(visible = False, add_book = False)  # 启动Excel程序
6   for i in file_list:  # 遍历文件夹路径下的所有文件名
7       if i.startswith('~$'):  # 判断是否有文件名以“~$”开头的文件
8           continue  # 如果有，则跳过这种类型的文件
9       file_paths = os.path.join(file_path, i)  # 将文件夹路径和文件名
        拼接成工作簿的完整路径
10      workbook = app.books.open(file_paths)  # 打开要调整行高和列宽的
        工作簿
```

```
11        for j in workbook.sheets:  # 遍历当前工作簿中的工作表
12            value = j.range('A1').expand('table')  # 在工作表中选择要调
              整行高和列宽的单元格区域
13            value.column_width = 12  # 将列宽调整为可容纳12个字符的宽度
14            value.row_height = 20  # 将行高调整为20磅
15        workbook.save()  # 保存当前工作簿
16        workbook.close()  # 关闭当前工作簿
17    app.quit()  # 退出Excel程序
```

◎ 代码解析

第 3 行和第 4 行代码的作用在注释中已经说得很清楚了。第 3 行代码中的文件夹路径可根据实际需求更改。

第 6 ～ 16 行代码用于逐个打开文件夹“销售表”中的工作簿，完成所需的批量操作后保存并关闭。其中第 11 ～ 14 行代码是实现批量操作的核心部分：在打开的工作簿中逐个选择工作表中包含数据的单元格区域，再精确调整其行高和列宽。第 13 行和第 14 行代码中的 12 和 20 分别为列宽值（单位为字符数）和行高值（单位为磅），可根据实际需求更改。

◎ 知识延伸

❶ 第 13 行代码中的 column_width 是 xlwings 模块中用于获取和设置列宽的属性。列宽的单位是字符数，取值范围是 0～255。这里的字符指的是英文字符，如果字符的字体是比例字体（每个字符的宽度不同），则以字符 0 的宽度为准。在用该属性设置列宽时，为该属性赋值即可。在用该属性获取列宽时，如果所选单元格区域中各列的列宽不同，则根据所选单元格区域位于包含数据单元格区域的内部或外部分别返回 None 或第一列的列宽。

❷ 第 14 行代码中的 row_height 是 xlwings 模块中用于获取和设置行高的属性。行高的单位是磅，取值范围是 0 ～ 409.5。在用该属性设置行高时，为该属性赋值即可。在用该属性获取行高时，如果所选单元格区域中各列的行高不同，则根据所选单元格区域位于包含数据单元格区域的内部或外部分别返回 None 或第一行的行高。

举一反三　精确调整一个工作簿中所有工作表的行高和列宽

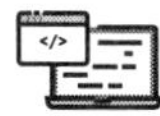

◎ 代码文件：精确调整一个工作簿中所有工作表的行高和列宽.py
◎ 数据文件：采购表.xlsx

如果想要精确调整一个工作簿中所有工作表的行高和列宽，可以通过以下代码来实现。

```
1  import xlwings as xw
2  app = xw.App(visible = False, add_book = False)
3  workbook = app.books.open('e:\\table\\采购表.xlsx')
4  for i in workbook.sheets:
5      value = i.range('A1').expand('table')
6      value.column_width = 12
7      value.row_height = 20
8  workbook.save()
9  app.quit()
```

案例 02　批量更改多个工作簿的数据格式

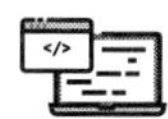

◎ 代码文件：批量更改多个工作簿的数据格式.py
◎ 数据文件：采购表（文件夹）

◎ 应用场景

小新，我考考你：用 Excel 的功能将下左图中 A 列和 D 列的数据格式更改为下右图的效果。这个问题不难吧？

	A	B	C	D
1	采购日期	采购物品	采购数量	采购金额
2	2018/1/6	投影仪	5台	2000
3	2018/1/10	马克笔	5盒	300
4	2018/1/15	打印机	1台	298
5	2018/1/16	点钞机	1台	349
6	2018/1/17	复印纸	2箱	100
7	2018/1/20	展板	2个	150
8	2018/1/21	培训椅	5个	345
9	2018/1/22	文件柜	2个	360
10	2018/1/23	广告牌	4个	269
11	2018/1/24	办公沙发	2个	560
12	2018/1/26	保险箱	1个	438
13	2018/1/26	复合机	1台	2999
14	2018/1/28	收款机	1台	1099
15	2018/1/28	转盘	5个	112
16	2018/1/28	模特道具	5个	400

	A	B	C	D
1	采购日期	采购物品	采购数量	采购金额
2	1/6	投影仪	5台	¥2,000.00
3	1/10	马克笔	5盒	¥300.00
4	1/15	打印机	1台	¥298.00
5	1/16	点钞机	1台	¥349.00
6	1/17	复印纸	2箱	¥100.00
7	1/20	展板	2个	¥150.00
8	1/21	培训椅	5个	¥345.00
9	1/22	文件柜	2个	¥360.00
10	1/23	广告牌	4个	¥269.00
11	1/24	办公沙发	2个	¥560.00
12	1/26	保险箱	1个	¥438.00
13	1/26	复合机	1台	¥2,999.00
14	1/28	收款机	1台	¥1,099.00
15	1/28	转盘	5个	¥112.00
16	1/28	模特道具	5个	¥400.00

太简单了！设置单元格的数字格式就行。不过，如果要设置的工作表不止一个，我就没办法快速搞定了。但我想 Python 一定能够做到。

不错，你的基础很扎实，看待问题的眼光也很长远。下面就来学习如何用 Python 批量更改数据格式吧。

◎ 实现代码

```
1  import os  # 导入os模块
2  import xlwings as xw  # 导入xlwings模块
3  file_path = '采购表'  # 给出工作簿所在的文件夹路径
4  file_list = os.listdir(file_path)  # 列出文件夹下所有文件和子文件夹的名称
5  app = xw.App(visible = False, add_book = False)  # 启动Excel程序
6  for i in file_list:  # 遍历文件夹路径下的所有文件名
7      if i.startswith('~$'):  # 判断是否有文件名以“~$”开头的文件
8          continue  # 如果有，则跳过这种类型的文件
9      file_paths = os.path.join(file_path, i)  # 将文件夹路径和文件名拼接成工作簿的完整路径
10     workbook = app.books.open(file_paths)  # 打开要设置数据格式的工作簿
```

```
11      for j in workbook.sheets:  # 遍历当前工作簿中的工作表
12          row_num = j['A1'].current_region.last_cell.row  # 获取工作
            表中数据区域最后一行的行号
13          j['A2:A{}'.format(row_num)].number_format = 'm/d'   # 将A列的
            “采购日期”数据全部更改为“月/日”格式
14          j['D2:D{}'.format(row_num)].number_format = '¥#,##0.00'  # 将
            D列的“采购金额”数据全部更改为带货币符号和两位小数的格式
15      workbook.save()  # 保存工作簿
16      workbook.close()  # 关闭工作簿
17  app.quit()  # 退出Excel程序
```

◎ 代码解析

第 6 ～ 16 行代码用于逐个打开文件夹“采购表”中的工作簿，完成所需的批量操作后保存并关闭。其中第 11 ～ 14 行代码是实现批量操作的核心部分：在打开的工作簿中逐个选择工作表，并设置指定列的数据格式。第 13 行和第 14 行代码中的 A 列和 D 列可以根据实际需求修改为其他列，数据格式“m/d”和“¥#,##0.00”也可以根据实际需求修改为其他格式。

◎ 知识延伸

❶ 第 13 行和第 14 行代码使用了第 4 章案例 08 中介绍的 format() 函数来拼接代表单元格区域的字符串。以 'A2:A{}'.format(row_num) 为例，假设当前工作表中数据区域最后一行的行号 row_num 为 16，则 'A2:A{}'.format(row_num) 就相当于 'A2:A16'，代表单元格区域 A2:A16。

❷ 拼接出单元格区域后，就可以使用 xlwings 模块中的 number_format 属性来设置单元格区域中数据的格式。该属性的取值为一个代表特定格式的字符串，与 Excel 的“设置单元格格式”对话框中“数字”选项卡下设置的格式对应。

举一反三 批量更改多个工作簿的外观格式

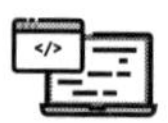

◎ 代码文件：批量更改多个工作簿的外观格式.py

◎ 数据文件：销售表（文件夹）

通过前面的学习，我们掌握了数据格式的批量更改，如果还想要批量更改字体、颜色、边框等外观格式，可以通过以下代码实现。

```
1  import os
2  import xlwings as xw
3  file_path = '销售表'
4  file_list = os.listdir(file_path)
5  app = xw.App(visible = False, add_book = False)
6  for i in file_list:
7      if i.startswith('~$'):
8          continue
9      file_paths = os.path.join(file_path, i)
10     workbook = app.books.open(file_paths)
11     for j in workbook.sheets:
12         j['A1:H1'].api.Font.Name = '宋体'  # 设置工作表标题行的字体为
           “宋体”
13         j['A1:H1'].api.Font.Size = 10   # 设置工作表标题行的字号为
           “10”磅
14         j['A1:H1'].api.Font.Bold = True  # 加粗工作表标题行
15         j['A1:H1'].api.Font.Color = xw.utils.rgb_to_int((255,255,
           255))  # 设置工作表标题行的字体颜色为“白色”
16         j['A1:H1'].color = xw.utils.rgb_to_int((0,0,0))  # 设置工作
           表标题行的单元格填充颜色为“黑色”
```

```
17            j['A1:H1'].api.HorizontalAlignment = xw.constants.HAlign.
              xlHAlignCenter  # 设置工作表标题行的水平对齐方式为“居中”
18            j['A1:H1'].api.VerticalAlignment = xw.constants.VAlign.xl-
              VAlignCenter  # 设置工作表标题行的垂直对齐方式为“居中”
19            j['A2'].expand('table').api.Font.Name = '宋体'  # 设置工作
              表的正文字体为“宋体”
20            j['A2'].expand('table').api.Font.Size = 10  # 设置工作表的
              正文字号为“10”磅
21            j['A2'].expand('table').api.HorizontalAlignment = xw.con-
              stants.HAlign.xlHAlignLeft  # 设置工作表正文的水平对齐方式为
              “靠左”
22            j['A2'].expand('table').api.VerticalAlignment = xw.con-
              stants.VAlign.xlVAlignCenter  # 设置工作表正文的垂直对齐方式
              为“居中”
23            for cell in j['A1'].expand('table'):  # 从单元格A1开始为工作
              表添加合适粗细的边框
24                for b in range(7, 11):
25                    cell.api.Borders(b).LineStyle = 1  # 设置单元格的边框
                      线型
26                    cell.api.Borders(b).Weight = 2  # 设置单元格的边框粗细
27        workbook.save()
28        workbook.close()
29    app.quit()
```

案例 03　批量替换多个工作簿的行数据

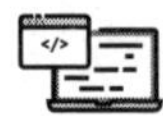

◎ 代码文件：批量替换多个工作簿的行数据.py
◎ 数据文件：分部信息（文件夹）

◎ 应用场景

在 Excel 中，使用替换功能可以替换单个单元格中的数据，那么如果要替换某一行的数据该怎么做呢？

好像只能用替换功能对这一行的单元格逐个进行替换了，但是这样也太麻烦了吧。我相信 Python 中一定有更好的解决方法。

没错，我们可以用 if 语句判断某一行的数据是否为要替换的数据，如果是，则替换。下面就一起来看看 Python 是如何批量替换多个工作簿中的行数据的吧。

◎ 实现代码

```
1   import os  # 导入os模块
2   import xlwings as xw  # 导入xlwings模块
3   file_path = '分部信息'  # 给出要批量处理的工作簿所在的文件夹路径
4   file_list = os.listdir(file_path)  # 列出文件夹下所有文件和子文件夹的
    名称
5   app = xw.App(visible = False, add_book = False)  # 启动Excel程序
6   for i in file_list:
7       if i.startswith('~$'):  # 判断是否有文件名以“~$”开头的文件
8           continue  # 如果有，则跳过这种类型的文件
9       file_paths = os.path.join(file_path, i)  # 将文件夹路径和文件名
        拼接成工作簿的完整路径
10      workbook = app.books.open(file_paths)  # 打开要处理的工作簿
```

```
11        for j in workbook.sheets:  # 遍历工作簿中的工作表
12            value = j['A2'].expand('table').value  # 读取工作表数据
13            for index, val in enumerate(value):  # 按行遍历工作表数据
14                if val == ['背包', 16, 65]:  # 判断行数据是否为“背包”、
                  16、65
15                    value[index] = ['双肩包', 36, 79]  # 如果是，则将该
                      行数据替换为新的数据
16            j['A2'].expand('table').value = value  # 将完成替换的数据写
              入工作表
17        workbook.save()  # 保存工作簿
18        workbook.close()  # 关闭工作簿
19    app.quit()  # 退出Excel程序
```

◎ 代码解析

第 11 ～ 16 行代码是实现批量操作的核心部分：在打开的工作簿中逐个工作表地读取数据，然后用 if 语句在读取的工作表数据中逐行判断是否有要替换的行数据，如果有，则进行替换，最后用完成替换的工作表数据覆盖原有工作表数据。第 14 行和第 15 行代码中设置的要替换内容和替换为内容可根据实际需求更改。

◎ 知识延伸

第 13 行代码中的 enumerate() 是 Python 的内置函数，用于将一个可遍历的数据对象（如列表、元组或字符串等）组合为一个索引序列，可同时得到数据对象的索引及对应的值，一般用在 for 语句当中。该函数的语法格式和常用参数含义如下。

enumerate(sequence, [start=0])

- sequence：可遍历的数据对象，可以是列表、元组或字符串等
- [start=0]：索引的起始位置，若省略，则默认为 0

举一反三 批量替换多个工作簿中的单元格数据

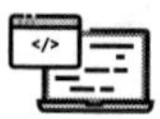

◎ 代码文件：批量替换多个工作簿中的单元格数据.py

◎ 数据文件：分部信息（文件夹）

学会了替换多个工作簿的行数据，替换单个单元格的数据就可以用类似的思路来完成，具体代码如下。

```
1  import os
2  import xlwings as xw
3  file_path = '分部信息'
4  file_list = os.listdir(file_path)
5  app = xw.App(visible = False, add_book = False)
6  for i in file_list:
7      if i.startswith('~$'):
8          continue
9      file_paths = os.path.join(file_path, i)
10     workbook = app.books.open(file_paths)
11     for j in workbook.sheets:
12         value = j['A2'].expand('table').value  # 读取工作表数据
13         for index, val in enumerate(value):  # 按行遍历工作表数据
14             if val[0] == '背包':  # 判断当前行第1个单元格的数据是否为“背包”
15                 val[0] = '双肩包'  # 将第1个单元格的数据修改为“双肩包”
16                 value[index] = val  # 替换整行数据
17         j['A2'].expand('table').value = value   # 将完成替换的数据写入工作表
18     workbook.save()
```

```
19        workbook.close()
20    app.quit()
```

举一反三　批量修改多个工作簿中指定工作表的列数据

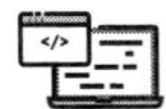

◎ 代码文件：批量修改多个工作簿中指定工作表的列数据.py

◎ 数据文件：分部信息（文件夹）

如果要修改多个工作簿中指定工作表的某一列数据，可以使用如下代码来实现。

```
1   import os
2   import xlwings as xw
3   file_path = '分部信息'
4   file_list = os.listdir(file_path)
5   app = xw.App(visible = False, add_book = False)
6   for i in file_list:
7       if i.startswith('~$'):
8           continue
9       file_paths = os.path.join(file_path, i)
10      workbook = app.books.open(file_paths)
11      worksheet = workbook.sheets['产品分类表']  # 指定要修改的工作表
12      value = worksheet['A2'].expand('table').value
13      for index, val in enumerate(value):
14          val[2] = val[2] * (1 + 0.05)  # 修改第3个单元格的数据，这里就
            是指将销售价上调5%
15          value[index] = val  # 替换整行数据
```

```
16      worksheet['A2'].expand('table').value = value  # 将完成替换的数
        据写入工作表
17      workbook.save()
18      workbook.close()
19  app.quit()
```

案例 04　批量提取一个工作簿中所有工作表的特定数据

◎ 代码文件：批量提取一个工作簿中所有工作表的特定数据.py

◎ 数据文件：采购表.xlsx

◎ 应用场景

说实话，用 Excel 的功能提取一个工作表中的特定数据，我都还有点摸不着思路，更别说从多个工作表中批量提取特定数据了。

这就是我建议你赶快学习 Python 的原因。因为它不仅在批量操作方面具有很大优势，对于一些需要综合运用多个 Excel 功能才能解决的问题，Python 处理起来也游刃有余。提取特定数据要用到的知识不是很难，大多数在前面都接触过，下面一起来看看完整的代码。

◎ 实现代码

```
1  import xlwings as xw  # 导入xlwings模块
2  import pandas as pd  # 导入pandas模块
3  app = xw.App(visible = False, add_book = False)  # 启动Excel程序
4  workbook = app.books.open('采购表.xlsx')  # 打开工作簿
5  worksheet = workbook.sheets  # 列出工作簿中的所有工作表
6  data = []  # 创建一个空列表用于存放数据
```

```
7  for i in worksheet:  # 遍历工作簿中的工作表
8      values = i.range('A1').expand().options(pd.DataFrame).value  # 读取当前工作表的所有数据
9      filtered = values[values['采购物品'] == '复印纸']  # 提取“采购物品”为“复印纸”的行数据
10     if not filtered.empty:  # 判断提取出的行数据是否为空
11         data.append(filtered)  # 将提取出的行数据追加到列表中
12 new_workbook = app.books.add()  # 新建工作簿
13 new_worksheet = new_workbook.sheets.add('复印纸')  # 在新工作簿中新增一个名为“复印纸”的工作表
14 new_worksheet.range('A1').value = pd.concat(data, ignore_index = False)  # 将提取出的行数据写入工作表“复印纸”中
15 new_workbook.save('复印纸.xlsx')  # 保存新工作簿并命名为“复印纸.xlsx”
16 workbook.close()  # 关闭工作簿
17 app.quit()  # 退出Excel程序
```

◎ 代码解析

第 7 ～ 11 行代码用于在打开的工作簿中逐个工作表地读取数据，然后从中提取“采购物品”为“复印纸”的行数据，如果提取到数据，则将数据追加到前面创建的列表中。第 9 行代码中的提取条件可根据实际需求更改。

第 12 ～ 15 行代码用于新建一个工作簿，并在新工作簿中新增一个名为“复印纸”的工作表，然后将提取出的数据写入这个工作表，完成后将新工作簿保存为“复印纸.xlsx”。第 13 行和第 15 行代码中的工作表名称和工作簿名称可根据实际需求更改。

◎ 知识延伸

❶ 第 8 行代码中的 DataFrame 是 pandas 模块的一种数据结构，它类似 Excel 中的二维表格。3.5 节已经详细介绍过 DataFrame 数据结构，这里不再赘述。

❷ 第 14 行代码中的 concat() 是 pandas 模块中的函数，可将数据根据不同的轴进行简单的

拼接。在 3.5.4 节曾简单介绍过 concat() 函数的用法，这里再详细介绍一下该函数的语法格式和常用参数含义。

concat(objs, axis=0, join='outer', join_axes=None, ignore_index=False, keys=None, levels=None, names=None, verify_integrity=False, copy=True)

参数	说明
objs	要拼接的数据对象
axis	拼接时所依据的轴。如果为 0，则沿着行拼接；如果为 1，则沿着列拼接
join	拼接的方式，默认为 'outer'
join_axes	index 对象列表
ignore_index	默认为 False。如果为 True，则忽略原有索引，并生成新的数字序列作为索引
keys	序列，默认值为空。使用传递的键作为最外层构建层次索引。如果为多索引，应使用元组
levels	序列列表，默认值为空。用于构建唯一值
names	列表，默认值为空。结果层次索引中的级别的名称
verify_integrity	默认值为 False。用于检查新拼接的轴是否包含重复项
copy	默认值为 True。如果为 False，则不执行非必要的数据复制

举一反三 批量提取一个工作簿中所有工作表的列数据

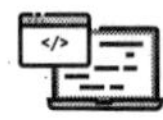

◎ 代码文件：批量提取一个工作簿中所有工作表的列数据.py

◎ 数据文件：采购表.xlsx

如果要批量提取一个工作簿中所有工作表的列数据，可以使用以下代码来实现。

```
1  import xlwings as xw
2  import pandas as pd
```

```
3   app = xw.App(visible = False, add_book = False)
4   workbook = app.books.open('采购表.xlsx')
5   worksheet = workbook.sheets
6   column = ['采购日期', '采购金额']  # 指定要提取的列的列标题
7   data = []
8   for i in worksheet:
9       values = i.range('A1').expand().options(pd.DataFrame, index =
        False).value
10      filtered = values[column]  # 根据前面指定的列标题提取数据
11      data.append(filtered)
12  new_workbook = app.books.add()
13  new_worksheet = new_workbook.sheets.add('提取数据')
14  new_worksheet.range('A1').value = pd.concat(data, ignore_index =
    False).set_index(column[0])
15  new_workbook.save('提取表.xlsx')
16  workbook.close()
17  app.quit()
```

举一反三　在多个工作簿的指定工作表中批量追加行数据

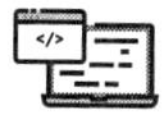

◎ 代码文件：在多个工作簿的指定工作表中批量追加行数据.py

◎ 数据文件：分部信息（文件夹）

如果要在多个工作簿的指定工作表中追加相同内容的行数据，可以使用以下代码来实现。

```
1   import os
2   import xlwings as xw
```

```
3  newContent = [['双肩包', '64', '110'], ['腰包', '23', '58']] # 给
   出要追加的行数据
4  app = xw.apps.add()
5  file_path = '分部信息'
6  file_list = os.listdir(file_path)
7  for i in file_list:
8      if os.path.splitext(i)[1] == '.xlsx':
9          workbook = app.books.open(file_path + '\\' + i)
10         worksheet = workbook.sheets['产品分类表']  # 指定要追加行数
           据的工作表
11         values = worksheet.range('A1').expand()  # 读取原有数据
12         number = values.shape[0]  # 获取原有数据的行数
13         worksheet.range(number + 1, 1).value = newContent  # 将前面
           指定的行数据追加到原有数据的下方
14         workbook.save()
15         workbook.close()
16 app.quit()
```

案例05 对多个工作簿中指定工作表的数据进行分列

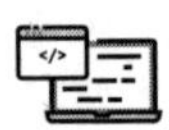

◎ 代码文件：对多个工作簿中指定工作表的数据进行分列.py

◎ 数据文件：产品记录表（文件夹）

◎ 应用场景

老王 小新，我再考考你：如果要将下左图中的“规格”列拆分为下右图中的“长”“宽”“高”3列，应该怎么做呢？

	A	B	C
1	产品型号	规格	
2	YJV	50*37*4.5	
3	YJV	63*40*4.8	
4	YJV	80*43*5.0	
5	YJV	100*48*5.3	
6	YJV	120*53*5.5	
7	YJV	140*58*6.0	
8			

规格表　员工表1　员工表2

就绪

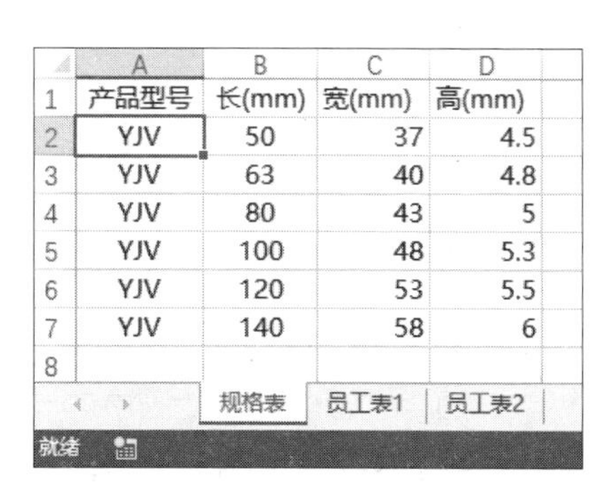

	A	B	C	D
1	产品型号	长(mm)	宽(mm)	高(mm)
2	YJV	50	37	4.5
3	YJV	63	40	4.8
4	YJV	80	43	5
5	YJV	100	48	5.3
6	YJV	120	53	5.5
7	YJV	140	58	6
8				

规格表　员工表1　员工表2

就绪

“规格”列中的数字都是用“*”号分隔开的，用 Excel 的分列功能就能快速拆分。这让我想起了 2.7.1 节中学过的 Python 内置函数 split()，它的作用和分列功能好像啊。

你的思路没错，但是这里是对工作表数据进行分列，使用 pandas 模块中的 split() 函数会更方便。下面就来看看具体的代码吧。

◎ 实现代码

```
1   import os  # 导入os模块
2   import xlwings as xw  # 导入xlwings模块
3   import pandas as pd  # 导入pandas模块
4   file_path = '产品记录表'  # 给出要处理的工作簿所在的文件夹路径
5   file_list = os.listdir(file_path)  # 列出文件夹下所有文件和子文件夹的名称
6   app = xw.App(visible = False, add_book = False)  # 启动Excel程序
7   for i in file_list:  # 遍历文件夹路径下的所有文件名
8       if i.startswith('~$'):  # 判断是否有文件名以“~$”开头的文件
9           continue  # 如果有，则跳过这种类型的文件
10      file_paths = os.path.join(file_path, i)  # 将文件夹路径和文件名拼接成工作簿的完整路径
11      workbook = app.books.open(file_paths)  # 打开工作簿
12      worksheet = workbook.sheets['规格表']  # 指定要处理的工作表
```

```
13          values = worksheet.range('A1').options(pd.DataFrame, header = 1,
            index = False, expand = 'table').value  # 读取指定工作表中的数据
14          new_values = values['规格'].str.split('*', expand = True)  # 根据
            “*”号拆分“规格”列
15          values['长(mm)'] = new_values[0]  # 将拆分出的第1部分数据添加到标
            题为“长(mm)”的列中
16          values['宽(mm)'] = new_values[1]  # 将拆分出的第2部分数据添加到标
            题为“宽(mm)”的列中
17          values['高(mm)'] = new_values[2]  # 将拆分出的第3部分数据添加到标
            题为“高(mm)”的列中
18          values.drop(columns =['规格'], inplace = True)  # 删除“规格”列
19          worksheet['A1'].options(index = False).value = values  # 用分列
            后的数据替换工作表中的原有数据
20          worksheet.autofit()  # 根据数据内容自动调整工作表的行高和列宽
21          workbook.save()  # 保存工作簿
22          workbook.close()  # 关闭工作簿
23      app.quit()  # 退出Excel程序
```

◎ 代码解析

第 7 ～ 22 行代码用于逐个打开指定文件夹中的工作簿，完成所需的分列操作后保存并关闭工作簿。其中第 8 行和第 9 行代码用于跳过文件夹中的临时文件。第 12 行代码用于指定要处理的工作表的名称，此处为“规格表”，可根据实际需求更改。第 14 行代码用于根据指定的分隔符拆分指定列的数据，此处为根据“*”号拆分“规格”列的数据，可根据实际需求更改分隔符和列标题。第 15 ～ 17 行代码用于将拆分出的数据添加到新的列中，此处的“规格”列可拆分为 3 列，所以使用了 3 行代码，代码的行数可根据实际情况增减。

◎ 知识延伸

❶ 第 14 行代码中的 split() 是 pandas 模块中 Series 对象的一个字符串函数，用于根据指

定的分隔符拆分字符串。该函数的语法格式和常用参数含义如下。

指定分隔符，如果省略，则以空格作为分隔符

指定拆分结果的格式：如果为 True，则为 DataFrame；如果为 False，则为 Series

Series.str.split(pat=None, n=-1, expand=False)

指定拆分的次数：如果为 1，则只在第 1 个分隔符处进行拆分；如果为 2，则只在第 1 个和第 2 个分隔符处进行拆分；依此类推。如果省略或者为 0 或 -1，则在所有分隔符处进行拆分

❷ 第 18 行代码中的 drop() 是 pandas 模块中 DataFrame 对象的函数，用于删除 DataFrame 对象的某一行或某一列。在 3.5.3 节中曾简单介绍过 drop() 函数的用法，这里再详细介绍一下该函数的语法格式和常用参数含义。

DataFrame.drop(labels=None, axis=0, index=None, columns=None, inplace=False)

参数	说明
labels	要删除的行、列的名称
axis	默认为 0，表示删除列；如果为 1，则表示删除行
index	指定要删除的行
columns	指定要删除的列
inplace	默认为 False，表示该删除操作不改变原 DataFrame，而是返回一个执行删除操作后的新 DataFrame。如果为 True，则会直接在原 DataFrame 上进行删除，删除后无法恢复原有数据

举一反三　批量合并多个工作簿中指定工作表的列数据

◎ 代码文件：批量合并多个工作簿中指定工作表的列数据.py

◎ 数据文件：产品记录表（文件夹）

如果需要批量将多个工作簿中指定工作表的某几列数据合并为一列，可以使用以下代码来实现。

```
1  import os
2  import xlwings as xw
3  import pandas as pd
4  file_path = '产品记录表'
5  file_list = os.listdir(file_path)
6  app = xw.App(visible = False, add_book = False)
7  for i in file_list:
8      if i.startswith('~$'):
9          continue
10     file_paths = os.path.join(file_path, i)
11     workbook = app.books.open(file_paths)
12     worksheet = workbook.sheets['规格表']
13     values = worksheet.range('A1').options(pd.DataFrame, header = 1,
       index = False, expand = 'table').value
14     values['规格'] = values['长(mm)'].astype('str') + '*' + values['宽
       (mm)'].astype('str') + '*' + values['高(mm)'].astype('str')  # 合
       并列数据
15     values.drop(columns = ['长(mm)'], inplace = True)  # 删除标题为
       “长(mm)”的列
16     values.drop(columns = ['宽(mm)'], inplace = True)  # 删除标题为
       “宽(mm)”的列
17     values.drop(columns = ['高(mm)'], inplace = True)  # 删除标题为
       “高(mm)”的列
18     worksheet.clear()  # 清除工作表“规格表”中原有的数据
19     worksheet['A1'].options(index = False).value = values  # 将处理
       好的数据写入工作表
```

```
20        worksheet.autofit()
21        workbook.save()
22        workbook.close()
23    app.quit()
```

举一反三　将多个工作簿中指定工作表的列数据拆分为多行

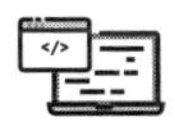

◎ 代码文件：将多个工作簿中指定工作表的列数据拆分为多行.py

◎ 数据文件：产品记录表（文件夹）

如果想要将列数据拆分为多行，可以在数据分列后对行列进行转置操作，具体代码如下。

```
1    import os
2    import xlwings as xw
3    import pandas as pd
4    file_path = '产品记录表'
5    file_list = os.listdir(file_path)
6    app = xw.App(visible = False, add_book = False)
7    for i in file_list:
8        if i.startswith('~$'):
9            continue
10       file_paths = os.path.join(file_path, i)
11       workbook = app.books.open(file_paths)
12       worksheet = workbook.sheets['规格表']
13       values = worksheet.range('A1').options(pd.DataFrame, header = 1,
         index = False, expand = 'table').value
14       new_values = values['规格'].str.split('*', expand=True)
15       values['长(mm)'] = new_values[0]
```

```
16        values['宽(mm)'] = new_values[1]
17        values['高(mm)'] = new_values[2]
18        values.drop(columns =['规格'], inplace = True)
19        values = values.T  # 转置数据的行列
20        values.columns = values.iloc[0]
21        values.index.name = values.iloc[0].index.name
22        values.drop(values.iloc[0].index.name, inplace = True)
23        worksheet.clear()
24        worksheet['A1'].value = values
25        worksheet.autofit()
26        workbook.save()
27        workbook.close()
28    app.quit()
```

案例06　批量提取一个工作簿中所有工作表的唯一值

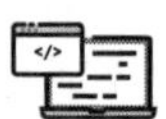

◎ 代码文件：批量提取一个工作簿中所有工作表的唯一值.py
◎ 数据文件：上半年销售统计表.xlsx

◎ 应用场景

如下左图和下右图所示，工作表“1月”和“2月”中的书名有一部分是重复的，工作表“3月”“4月”“5月”“6月”同理，现在我想将这6个工作表中的书名提取出来，但是不能有重复的书名。

	A	B
1	书名	销量（册）
2	Excel财务与会计办公技巧应用大全	26
3	128个图表教你搞定会计与财务管理	89
4	基于数据分析的网店运营	60
5	会计和财务一招致胜	78
6	Excel数据分析与决策	124
7	一样的数据，不一样的看法	28
8		
9		
10		

1月 2月 3月 4月 5月 6月

就绪

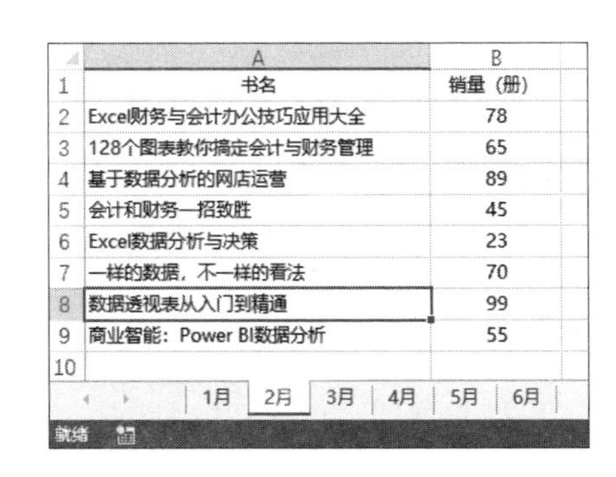

	A	B
1	书名	销量（册）
2	Excel财务与会计办公技巧应用大全	78
3	128个图表教你搞定会计与财务管理	65
4	基于数据分析的网店运营	89
5	会计和财务一招致胜	45
6	Excel数据分析与决策	23
7	一样的数据，不一样的看法	70
8	数据透视表从入门到精通	99
9	商业智能：Power BI数据分析	55
10		

1月 2月 3月 4月 5月 6月

就绪

本来我想的是用 Excel 的删除重复值功能。但是我发现问题并没那么简单，因为这个功能只能对单个工作表的数据进行去重操作，这里的重复值却位于多个工作表中。

是的，在 Excel 中没有比较简单的解决方法，这时 Python 又可以出场了。我们可以将所有工作表中的书名提取出来放在一起，然后统一用 set() 函数进行去重，这样便获得了书名的唯一值。下面一起来看看具体的代码吧。

◎ 实现代码

```
1  import xlwings as xw  # 导入xlwings模块
2  app = xw.App(visible = True, add_book = False)  # 启动Excel程序
3  workbook = app.books.open('上半年销售统计表.xlsx')  # 打开指定工作簿
4  data = []  # 创建一个空列表用于存放书名数据
5  for worksheet in workbook.sheets:  # 遍历工作簿中的工作表
6      values = worksheet['A2'].expand('down').value  # 提取当前工作表
       中的书名数据
7      data = data + values  # 将提取出的书名数据添加到前面创建的列表中
8  data = list(set(data))  # 对列表中的书名数据进行去重操作
9  data.insert(0, '书名')  # 在去重后的书名数据前添加列标题“书名”
10 new_workbook = app.books.add()  # 新建工作簿
11 new_worksheet = new_workbook.sheets.add('书名')  # 在新工作簿中新增
   一个名为“书名”的工作表
```

```
12  new_worksheet['A1'].options(transpose = True).value = data  # 将处
    理好的书名数据写入新工作表
13  new_worksheet.autofit()  # 根据数据内容自动调整新工作表的行高和列宽
14  new_workbook.save('书名.xlsx')  # 保存新工作簿并命名为“书名.xlsx”
15  workbook.close()  # 关闭工作簿
16  app.quit()  # 退出Excel程序
```

◎ 代码解析

第 5 ～ 7 行代码用于提取工作簿中所有工作表的书名数据，然后将这些书名数据存放在第 4 行代码创建的空列表中。其中第 6 行代码表示从单元格 A2 开始向下提取数据，如果要提取的数据不在 A 列，可根据实际情况更改单元格。

第 8 行代码用于对提取出的书名数据进行去重操作，得到书名的唯一值。

第 9 行代码用于给去重后的书名数据添加列标题“书名”，这里的列标题可根据实际需求更改。

第 11 行和第 14 行代码中设置的新工作表名和新工作簿名也可根据实际需求更改。

◎ 知识延伸

❶ 第 8 行代码中的 set() 函数在 2.3.3 节中曾介绍过，它原本的功能是将其他类型的序列对象（如列表）转换为集合，因为集合中不允许出现重复元素，转换过程中重复元素便会被自动去除，所以该函数也常用于数据的去重。第 8 行代码先用 set() 函数对数据进行去重，再用 list() 函数将去重操作获得的集合转换为列表，以便在第 9 行代码中使用列表的 insert() 函数添加元素。

❷ 第 9 行代码中的 insert() 是 Python 中列表对象的函数，用于在列表的指定位置插入元素。该函数的语法格式和常用参数含义如下。

举一反三　批量提取一个工作簿中所有工作表的唯一值并汇总

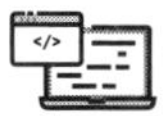

◎ 代码文件：批量提取一个工作簿中所有工作表的唯一值并汇总.py
◎ 数据文件：上半年销售统计表.xlsx

如果想对案例 06 中各个工作表的书名进行去重并汇总每种书的销量，可以使用如下代码来实现。

```
1   import os
2   import xlwings as xw
3   app = xw.App(visible = True, add_book = False)
4   wb = app.books.open('上半年销售统计表.xlsx')
5   data = list()  # 创建一个空列表用于存放书名和销量的明细数据
6   for sht in wb.sheets:
7       values = sht['A2'].expand('table').value
8       data = data + values
9   sales = dict()  # 创建一个空字典用于存放书名和销量的汇总数据
10  for i in range(len(data)):  # 按行遍历书名和销量的明细数据
11      name = data[i][0]  # 获取当前书名
12      sale = data[i][1]  # 获取当前销量
13      if name not in sales:  # 判断字典中是否不存在当前书名
14          sales[name] = sale  # 如果不存在，则在字典中添加此书名的销量记录
15      else:
16          sales[name] += sale  # 如果已存在，则计算此书名的累计销量
17  dictlist = list()
18  for key, value in sales.items():
19      temp = [key, value]  # 列出书名与对应的累计销量
20      dictlist.append(temp)
```

```
21  dictlist.insert(0, ['书名', '销量'])  # 在获取的数据前添加列标题“书
    名”和“销量”
22  new_workbook = app.books.add()
23  new_worksheet = new_workbook.sheets.add('销售统计')
24  new_worksheet['A1'].value = dictlist
25  new_worksheet.autofit()
26  new_workbook.save('销售统计.xlsx')
27  wb.close()
28  app.quit()
```

第 6 章

使用 Python 批量进行数据分析

对于大部分职场人士来说，Excel 的功能可以完成绝大多数的数据分析任务，但是当数据量大、数据表格多时，为了提高工作效率，可以借助 Python 中功能丰富而强大的第三方模块来完成。本章将通过多个案例讲解如何利用 pandas、xlwings、os 等模块编写 Python 代码，批量完成排序、筛选、分类汇总、求和、求最值、数据透视表制作等常见的数据分析任务，以及相关性分析、方差分析、描述统计、回归分析等高阶的数据分析任务。

案例 01　批量升序排序一个工作簿中的所有工作表

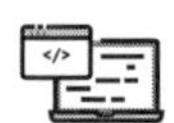

◎ 代码文件：批量升序排序一个工作簿中的所有工作表.py

◎ 数据文件：产品销售统计表.xlsx

◎ 应用场景

只要用过 Excel，对排序这个功能就一定不陌生。如下图所示，在要排序的列中选中任意单元格，如“销售利润”列的任意数据单元格，然后在“数据”选项卡下单击“升序”按钮，就可以对表格按“销售利润”列进行升序排序。如果要降序排序，则单击“降序”按钮，是不是很简单？

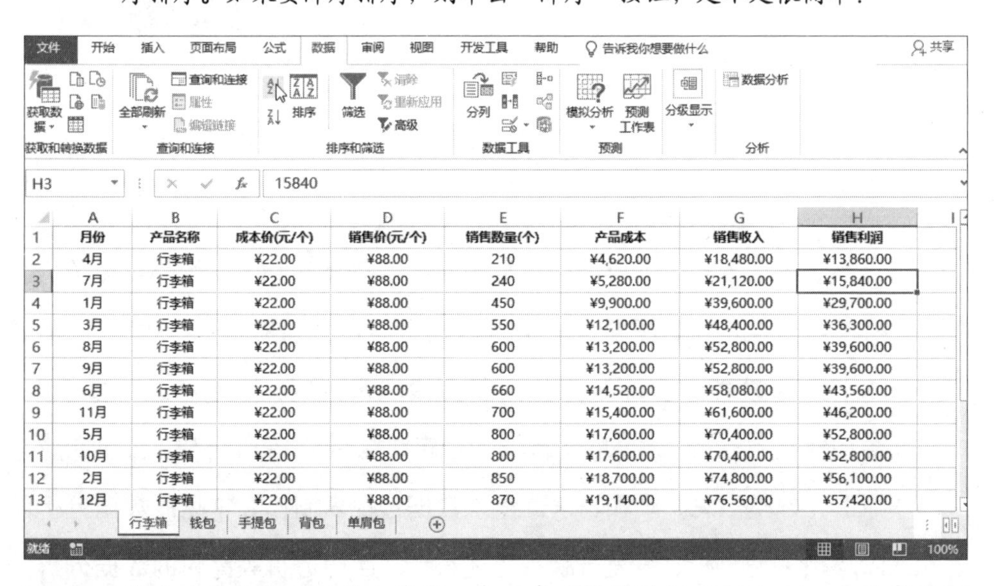

	A	B	C	D	E	F	G	H
1	月份	产品名称	成本价(元/个)	销售价(元/个)	销售数量(个)	产品成本	销售收入	销售利润
2	4月	行李箱	¥22.00	¥88.00	210	¥4,620.00	¥18,480.00	¥13,860.00
3	7月	行李箱	¥22.00	¥88.00	240	¥5,280.00	¥21,120.00	¥15,840.00
4	1月	行李箱	¥22.00	¥88.00	450	¥9,900.00	¥39,600.00	¥29,700.00
5	3月	行李箱	¥22.00	¥88.00	550	¥12,100.00	¥48,400.00	¥36,300.00
6	8月	行李箱	¥22.00	¥88.00	600	¥13,200.00	¥52,800.00	¥39,600.00
7	9月	行李箱	¥22.00	¥88.00	600	¥13,200.00	¥52,800.00	¥39,600.00
8	6月	行李箱	¥22.00	¥88.00	660	¥14,520.00	¥58,080.00	¥43,560.00
9	11月	行李箱	¥22.00	¥88.00	700	¥15,400.00	¥61,600.00	¥46,200.00
10	5月	行李箱	¥22.00	¥88.00	800	¥17,600.00	¥70,400.00	¥52,800.00
11	10月	行李箱	¥22.00	¥88.00	800	¥17,600.00	¥70,400.00	¥52,800.00
12	2月	行李箱	¥22.00	¥88.00	850	¥18,700.00	¥74,800.00	¥56,100.00
13	12月	行李箱	¥22.00	¥88.00	870	¥19,140.00	¥76,560.00	¥57,420.00

这个功能的使用没什么难度，我更感兴趣的是能否用 Python 来完成数据的排序。如果可以的话，再结合前面所学的批量处理工作簿和工作表的知识，就能轻松高效地完成多个工作表中数据的排序了。

你啊！自从学习了 Python 就开始想着偷懒了。不过这种偷懒的方式能让我们将宝贵的工作时间用于完成更有价值的工作，非常值得鼓励。下面我就来教你用 pandas 模块中的 sort_values() 函数完成数据的排序。

◎ 实现代码

```
1   import xlwings as xw  # 导入xlwings模块
2   import pandas as pd  # 导入pandas模块
3   app = xw.App(visible = False, add_book = False)  # 启动Excel程序
4   workbook = app.books.open('产品销售统计表.xlsx')  # 打开要升序排序的
    工作簿
5   worksheet = workbook.sheets  # 列出工作簿中的所有工作表
6   for i in worksheet:  # 遍历工作簿中的工作表
7       values = i.range('A1').expand('table').options(pd.DataFrame).
        value  # 读取当前工作表的数据并转换为DataFrame格式
8       result = values.sort_values(by = '销售利润')  # 对“销售利润”列
        进行升序排序
9       i.range('A1').value = result  # 将排序结果写入当前工作表，替换原
        有数据
10  workbook.save()  # 保存工作簿
11  workbook.close()  # 关闭工作簿
12  app.quit()  # 退出Excel程序
```

◎ 代码解析

第 3 ～ 5 行代码的作用在注释中已经说得很清楚。其中第 4 行代码中设置的工作簿文件路径可根据实际需求更改。

第 6 ～ 9 行代码实现的是核心功能：对工作簿中的所有工作表数据进行升序排序。其中第 8 行代码用于对指定字段进行升序排序，引号内为要排序的字段名，本案例为“销售利润”，可根据实际需求更改这个字段名。完成排序后，通过第 9 行代码将排序后的数据写入工作表，替换工作表中的原有数据，其中的 A1 表示从单元格 A1 开始写入数据，可以根据实际需求更改为其他单元格。

◎ 知识延伸

第 8 行代码中的 sort_values() 是 pandas 模块中 DataFrame 对象的函数，用于将数据区域按照某个字段的数据进行排序，这个字段可以是行字段，也可以是列字段。在 3.5.3 节曾简单介绍过 sort_values() 函数的用法，这里再详细介绍一下该函数的语法格式和常用参数含义。

sort_values(by='##', axis=0, ascending=True, inplace=False, na_position='last')

参数	说明
by	要排序的列名或索引值
axis	如果省略或者为 0 或 'index'，则按照参数 by 指定的列中的数据排序；如果为 1 或 'columns'，则按照参数 by 指定的索引中的数据排序
ascending	排序方式。如果省略或为 True，则做升序排序；如果为 False，则做降序排序
inplace	如果省略或为 False，则不用排序后的数据替换原来的数据；如果为 True，则用排序后的数据替换原来的数据
na_position	空值的显示位置。如果为 'first'，表示将空值放在列的首位；如果为 'last'，则表示将空值放在列的末尾

举一反三 批量降序排序一个工作簿中的所有工作表

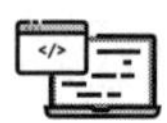

◎ 代码文件：批量降序排序一个工作簿中的所有工作表.py

◎ 数据文件：产品销售统计表.xlsx

如果想要进行降序排序，则在案例 01 第 8 行代码的 sort_values() 函数中用参数 ascending 来指定排序方式。具体代码如下。

```
1    result = values.sort_values(by = '销售利润', ascending = False)  # 对“销售利润”列进行降序排序
```

举一反三　批量排序多个工作簿中的数据

◎ 代码文件：批量排序多个工作簿中的数据.py
◎ 数据文件：产品销售统计表（文件夹）

除了对一个工作簿的数据进行批量排序，还可以对多个工作簿的数据进行批量排序，具体代码如下。

```
1   import os
2   import xlwings as xw
3   import pandas as pd
4   app = xw.App(visible = False, add_book = False)
5   file_path = '产品销售统计表'
6   file_list = os.listdir(file_path)
7   for i in file_list:
8       if os.path.splitext(i)[1] == '.xlsx':
9           workbook = app.books.open(file_path + '\\' + i)
10          worksheet = workbook.sheets
11          for j in worksheet:
12              values = j.range('A1').expand('table').options(pd.
                DataFrame).value
13              result = values.sort_values(by = '销售利润')
14              j.range('A1').value = result
15          workbook.save()
16          workbook.close()
17  app.quit()
```

案例 02　筛选一个工作簿中的所有工作表数据

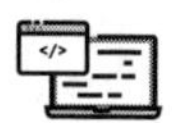

◎ 代码文件：筛选一个工作簿中的所有工作表数据.py

◎ 数据文件：采购表.xlsx

◎ 应用场景

老王：小新，下图所示是按月份存放在不同工作表中的物品采购明细数据，如果要更改为按物品名称存放在不同工作表中，你会怎么做呢？

	A	B	C	D
1	采购日期	采购物品	采购数量	采购金额
2	2018/1/6	投影仪	5台	¥2,000
3	2018/1/10	马克笔	5盒	¥300
4	2018/1/15	打印机	1台	¥298
5	2018/1/16	点钞机	1台	¥349
6	2018/1/17	复印纸	2箱	¥100
7	2018/1/20	展板	2个	¥150
8	2018/1/21	培训椅	5个	¥345
9	2018/1/22	文件柜	2个	¥360
10	2018/1/23	广告牌	4个	¥269
11	2018/1/24	办公沙发	2个	¥560
12	2018/1/26	保险箱	1个	¥438

1月　2月　3月　4月　5月　6月

就绪

我会先把各个工作表中的数据集中在一起，再对“采购物品”列进行筛选，每筛选出一种物品的明细数据，就将其复制、粘贴到对应的工作表中。听起来很简单，但是如果工作表或物品种类有很多，操作起来还是很烦琐的。

老王：你的思路是对的。有了正确的思路，烦琐的操作就可以交给 Python 啦。这个案例我们除了要对明细数据按物品名称进行归类整理，还要对每种物品的采购金额进行求和，下面来看具体的代码。

◎ 实现代码

```
1  import xlwings as xw  # 导入xlwings模块
2  import pandas as pd  # 导入pandas模块
3  app = xw.App(visible = False, add_book = False)  # 启动Excel程序
4  workbook = app.books.open('采购表.xlsx')  # 打开要处理的工作簿
5  worksheet = workbook.sheets  # 列出工作簿中的所有工作表
6  table = pd.DataFrame()  # 创建一个空DataFrame
7  for j in worksheet:  # 遍历工作簿中的工作表
8      values = j.range('A1').options(pd.DataFrame, header=1, index=
       False, expand='table').value  # 读取当前工作表的数据
9      data = values.reindex(columns=['采购物品', '采购日期', '采购数
       量', '采购金额'])  # 调整列的顺序，将“采购物品”移到第1列
10     table = table.append(data, ignore_index = True)  # 将调整列顺序
       后的数据合并到前面创建的DataFrame中
11 table = table.groupby('采购物品')  # 根据“采购物品”列筛选数据
12 new_workbook = app.books.add()  # 新建一个工作簿
13 for idx, group in table:  # 遍历筛选好的数据，其中idx对应物品名称，
   group对应该物品的所有明细数据
14     new_worksheet = new_workbook.sheets.add(idx)  # 在新工作簿中新增
       工作表，以物品名称作为工作表名
15     new_worksheet['A1'].options(index = False).value = group  # 在
       新工作表中写入当前物品的所有明细数据
16     last_cell = new_worksheet['A1'].expand('table').last_cell  # 获
       取当前工作表数据区域右下角的单元格
17     last_row = last_cell.row  # 获取数据区域最后一行的行号
18     last_column = last_cell.column  # 获取数据区域最后一列的列号
```

```
19         last_column_letter = chr(64 + last_column)  # 将数据区域最后一列
           的列号（数字）转换为该列的列标（字母）
20         sum_cell_name = '{}{}'.format(last_column_letter, last_row+1)  # 获
           取数据区域右下角单元格下方的单元格的位置
21         sum_last_row_name = '{}{}'.format(last_column_letter, last_
           row)  # 获取数据区域右下角单元格的位置
22         formula = '=SUM({}2:{})'.format(last_column_letter, sum_last_
           row_name)  # 根据前面获取的单元格位置构造Excel公式，对采购金额进行
           求和
23         new_worksheet[sum_cell_name].formula = formula  # 将求和公式写
           入数据区域右下角单元格下方的单元格中
24         new_worksheet.autofit()  # 根据单元格中的数据内容自动调整工作表的
           行高和列宽
25     new_workbook.save('采购分类表.xlsx')  # 保存新建的工作簿并命名为“采购
       分类表.xlsx”
26     workbook.close()  # 关闭工作簿
27     app.quit()  # 退出Excel程序
```

◎ 代码解析

第 9 行代码中的列标题必须和工作表中实际的列标题一致，顺序可以根据需求调整。

第 11 行代码中用于筛选的列为“采购物品”，可根据实际需求更改为其他列。

第 22 行代码中构造的 Excel 公式用于对采购金额进行求和，可根据实际需求更改公式，完成其他计算，例如，将“SUM”改为“AVERAGE”就是求平均值，改为“MAX”就是求最大值，等等。

◎ 知识延伸

❶ 第 9 行代码中的 reindex() 是 pandas 模块中的函数，用于改变行、列的顺序。该函数的语法格式和常用参数含义如下。

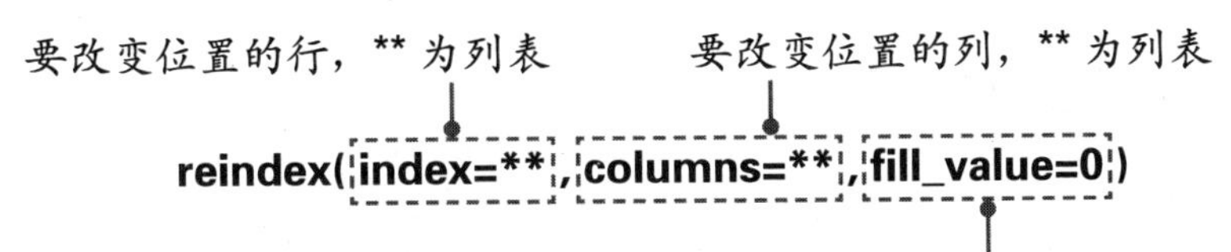

❷ 第 11 行代码中的 groupby() 是 pandas 模块中的函数，用于对数据进行分组。该函数的参数较多，这里不做展开，只简单说一下最常用的参数——分组所依据的列，可以指定一列，也可以列表的形式指定多列。本案例中对分组后的数据以构造 Excel 公式的方式进行汇总运算，实际上，还可以用 pandas 模块提供的 sum()、mean() 等函数进行组内汇总运算，在案例 03 中会讲解。

❸ 第 19 行代码中的 chr() 是 Python 的内置函数，用于将一个整数转换为对应的字符。常用的整数和字符的对应关系读者可自行搜索“ASCII 码表”。本案例的第 17 行和第 18 行代码获取到行号和列号后，要接着用行号和列号来引用单元格以构造 Excel 公式，但是 Excel 公式中引用列时不能使用 1、2、3 等列号（数字），而要使用 A、B、C 等列标（字母）。通过查询 ASCII 码表可知，A、B、C 等字母依次对应 65、66、67 等数字，因此，第 19 行代码中用 chr(64 + 列号) 就能将列号转换为列标。

举一反三　在一个工作簿中筛选单一类别数据

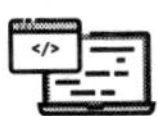

◎ 代码文件：在一个工作簿中筛选单一类别数据.py
◎ 数据文件：采购表.xlsx

如果要筛选的只是某一种物品的明细数据，如“保险箱”，那么代码会更简单，具体如下。

```
1  import xlwings as xw
2  import pandas as pd
3  app = xw.App(visible = False, add_book = False)
4  workbook = app.books.open('采购表.xlsx')
5  worksheet = workbook.sheets
```

```
6   table = pd.DataFrame()
7   for j in worksheet:
8       values = j.range('A1').options(pd.DataFrame, header = 1, index = 
        False, expand = 'table').value
9       data = values.reindex(columns = ['采购物品', '采购日期', '采购数
        量', '采购金额'])
10      table = table.append(data, ignore_index = True)  # 将多个工作表
        的数据合并到一个DataFrame中
11  product = table[table['采购物品'] == '保险箱']  # 筛选“采购物品”是
    “保险箱”的数据
12  new_workbook = app.books.add()
13  new_worksheet = new_workbook.sheets.add('保险箱')
14  new_worksheet['A1'].options(index = False).value = product  # 将筛
    选出的数据写入工作表（index=False为删除索引列）
15  new_worksheet.autofit()
16  new_workbook.save('保险箱.xlsx')
17  workbook.close()
18  app.quit()
```

案例03　对多个工作簿中的工作表分别进行分类汇总

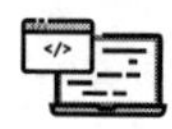

◎ 代码文件：对多个工作簿中的工作表分别进行分类汇总.py
◎ 数据文件：销售表（文件夹）

◎ 应用场景

王老师，学完案例 02 的代码，我怎么觉得 groupby() 函数更像是在对数据进行分组呢？

的确是这样，案例 02 中我们只是借用 groupby() 函数的分组功能达到了筛选数据的目的。

那这么说的话，使用 groupby() 函数是不是就可以实现 Excel 的分类汇总那样的效果呢？

单靠 groupby() 函数还不行。对数据进行分组后，还需要用特定的统计函数进行组内汇总运算。下面就来学习具体的代码吧。

◎ 实现代码

```
1  import os  # 导入os模块
2  import xlwings as xw  # 导入xlwings模块
3  import pandas as pd  # 导入pandas模块
4  app = xw.App(visible = False, add_book = False)  # 启动Excel程序
5  file_path = '销售表'  # 给出要分类汇总的工作簿所在的文件夹路径
6  file_list = os.listdir(file_path)  # 列出文件夹下所有文件和子文件夹的
   名称
7  for i in file_list:  # 遍历文件夹下的文件
8      if os.path.splitext(i)[1] == '.xlsx':  # 判断文件是否是工作簿
9          workbook = app.books.open(file_path + '\\' + i)  # 打开文件夹
           中的工作簿
10         worksheet = workbook.sheets  # 列出工作簿中的所有工作表
11         for j in worksheet:  # 遍历工作簿中的工作表
12             values = j.range('A1').expand('table').options(pd.
               DataFrame).value  # 读取当前工作表的数据
13             values['销售利润'] = values['销售利润'].astype('float')  # 转
               换“销售利润”列的数据类型
14             result = values.groupby('销售区域').sum()  # 根据“销售
               区域”列对数据进行分类汇总，汇总运算方式为求和
```

```
15              j.range('J1').value = result['销售利润']  # 将各个销售区域
                的销售利润汇总结果写入当前工作表
16          workbook.save()  # 保存工作簿
17          workbook.close()  # 关闭工作簿
18  app.quit()  # 退出Excel程序
```

◎ 代码解析

第 5 行代码用于给出要处理的工作簿所在的文件夹路径，可以根据实际需求更改。

第 7 ～ 17 行代码用于对文件夹中所有工作簿的各个工作表数据分别进行分类汇总，汇总运算方式为求和。因为本案例中“销售利润”列的数据带有货币符号，不是常规的数值，不能直接用于求和，所以使用第 13 行代码将该列数据转换为浮点型数字。第 14 行代码用于根据指定的列和汇总运算方式完成分类汇总，本案例的汇总依据为“销售区域”列，汇总运算方式为求和，可根据实际需求更改为其他的列和运算方式。第 15 行代码用于将指定列的汇总结果写入工作表，本案例中指定的是“销售利润”列，可根据实际需求更改为其他列。

◎ 知识延伸

❶ 第 13 行代码中的 astype() 是 pandas 模块中 DataFrame 对象的函数，用于转换指定列的数据类型。该函数的语法格式和常用参数含义如下。

astype ('int')

要转换为的数据类型，可以是 'int'、'float'、'str' 等

❷ 第 14 行代码中 groupby() 函数后接的 sum() 函数用于进行求和汇总，还可以使用其他函数完成其他类型的汇总运算。常用的有：用 mean() 函数求平均值，用 count() 函数统计个数，用 max() 函数求最大值，用 min() 函数求最小值。

举一反三　批量分类汇总多个工作簿中的指定工作表

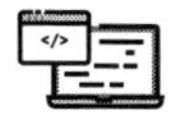

◎ 代码文件：批量分类汇总多个工作簿中的指定工作表.py

◎ 数据文件：销售表1（文件夹）

如果只想分类汇总多个工作簿中的指定工作表，可以对案例 03 的代码进行修改，修改后的代码如下。

```
1   import os
2   import xlwings as xw
3   import pandas as pd
4   app = xw.App(visible = False, add_book = False)
5   file_path = '销售表1'
6   file_list = os.listdir(file_path)
7   for i in file_list:
8       if os.path.splitext(i)[1] == '.xlsx':
9           workbook = app.books.open(file_path + '\\' + i)
10          worksheet = workbook.sheets['销售记录表']  # 指定要分类汇总
            的工作表
11          values = worksheet.range('A1').expand('table').options(pd.
            DataFrame).value
12          values['销售利润'] = values['销售利润'].astype('float')
13          result = values.groupby('销售区域').sum()
14          worksheet.range('J1').value = result['销售利润']
15          workbook.save()
16          workbook.close()
17  app.quit()
```

举一反三 将多个工作簿数据分类汇总到一个工作簿

◎ 代码文件：将多个工作簿数据分类汇总到一个工作簿.py
◎ 数据文件：销售表（文件夹）

如果想要将多个工作簿中的数据分类汇总到一个工作簿中，可以使用以下代码。

```
1   import os
2   import xlwings as xw
3   import pandas as pd
4   app = xw.App(visible = False, add_book = False)
5   file_path = '销售表'
6   file_list = os.listdir(file_path)
7   collection = []
8   for i in file_list:
9       if os.path.splitext(i)[1] == '.xlsx':
10          workbook = app.books.open(file_path + '\\' + i)
11          worksheet = workbook.sheets['销售记录表']
12          values = worksheet.range('A1').expand('table').options(pd.
            DataFrame).value
13          filtered = values[['销售区域', '销售利润']]  # 只保留“销售区
            域”和“销售利润”这两列数据
14          collection.append(filtered)
15          workbook.close()
16  new_values = pd.concat(collection, ignore_index = False).set_index
    ('销售区域')
17  new_values['销售利润'] = new_values['销售利润'].astype('float')
18  result = new_values.groupby('销售区域').sum()
19  new_workbook = app.books.add()
```

```
20  sheet = new_workbook.sheets[0]
21  sheet.range('A1').value = result
22  new_workbook.save('汇总.xlsx')
23  app.quit()
```

案例 04　对一个工作簿中的所有工作表分别求和

◎ 代码文件：对一个工作簿中的所有工作表分别求和.py

◎ 数据文件：采购表.xlsx

◎ 应用场景

王老师，案例 03 中是先分组再求和，如果我不需要分组，想直接求和，还能使用 pandas 模块的 sum() 函数吗？

当然可以，而且实现起来也很简单。下面就一起来看看使用 sum() 函数对一个工作簿中的所有工作表分别求和的代码吧。

◎ 实现代码

```
1  import xlwings as xw  # 导入xlwings模块
2  import pandas as pd  # 导入pandas模块
3  app = xw.App(visible = False, add_book = False)  # 启动Excel程序
4  workbook = app.books.open('采购表.xlsx')  # 打开要求和的工作簿
5  worksheet = workbook.sheets  # 列出工作簿中的所有工作表
6  for i in worksheet:  # 遍历工作簿中的工作表
7      values = i.range('A1').expand('table')  # 选中工作表中含有数据的
       单元格区域
```

```
8       data = values.options(pd.DataFrame).value  # 使用选中的单元格区
        域中的数据创建一个DataFrame
9       sums = data['采购金额'].sum()  # 在创建的DataFrame中对“采购金
        额”列进行求和
10      column = values.value[0].index('采购金额') + 1  # 获取“采购金
        额”列的列号
11      row = values.shape[0]  # 获取数据区域最后一行的行号
12      i.range(row + 1, column).value = sums  # 将求和结果写入“采购金
        额”列最后一个单元格下方的单元格中
13  workbook.save()  # 保存工作簿
14  workbook.close()  # 关闭工作簿
15  app.quit()  # 退出Excel程序
```

◎ 代码解析

第 4 行代码用于打开要求和的工作簿，可根据实际需求更改工作簿的文件路径。第 6 ～ 12 行代码用于对各工作表的“采购金额”列进行求和。第 9 行代码中的“采购金额”为要求和的列标题，可根据实际需求更改为其他列，用于求和的 sum() 函数也可更改为 mean()、count()、max()、min() 等函数来完成其他类型的数据统计。本案例要将“采购金额”列的求和结果放在该列最后一个单元格下方的单元格中，但是每个工作表的数据行数不一定相同，所以先通过第 10 行和第 11 行代码获取该列最后一个单元格的列号和行号，再通过第 12 行代码写入结果。

◎ 知识延伸

❶ 第 10 行代码中的 index() 是 Python 中列表对象的函数，常用于在列表中查找某个元素的索引位置。该函数的语法格式和常用参数含义如下。

❷ 第 11 行代码中的 shape 是 pandas 模块中 DataFrame 对象的一个属性，它返回的是一个元组，其中有两个元素，分别代表 DataFrame 的行数和列数。

举一反三　对一个工作簿中的所有工作表分别求和并将求和结果写入固定单元格

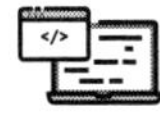

◎ 代码文件：对一个工作簿中的所有工作表分别求和并将求和结果写入固定单元格.py
◎ 数据文件：采购表.xlsx

如果想要将工作簿中每个工作表的求和结果写入固定的单元格中，可以通过以下代码实现。

```
1   import xlwings as xw
2   import pandas as pd
3   app = xw.App(visible = True, add_book = False)
4   workbook = app.books.open('采购表.xlsx')
5   worksheet = workbook.sheets
6   for i in worksheet:
7       values = i.range('A1').expand('table').options(pd.DataFrame).
        value
8       sums = values['采购金额'].sum()
9       i.range('F1').value = sums  # 将当前工作表中数据的求和结果写入当
        前工作表的单元格F1中
10  workbook.save()
11  workbook.close()
12  app.quit()
```

案例 05　批量统计工作簿的最大值和最小值

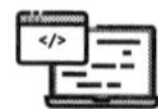

◎ 代码文件：批量统计工作簿的最大值和最小值.py
◎ 数据文件：产品销售统计表（文件夹）

◎ 应用场景

小新，前面一直都是我在编写和讲解代码，下面来检验一下你学得如何：假设有若干个工作簿，每个工作簿中存放一种产品的销售数据，现在要分别统计每种产品销售利润的最大值和最小值。

让我想想：以案例 04 的思路为基础，把求和函数 sum() 换成求最大值的 max() 函数和求最小值的 min() 函数，再结合前面学过的批量打开多个工作簿的代码，应该就能搞定啦。我马上开始编写代码。

◎ 实现代码

```
1  import os  # 导入os模块
2  import xlwings as xw  # 导入xlwings模块
3  import pandas as pd  # 导入pandas模块
4  app = xw.App(visible = False, add_book = False)  # 启动Excel程序
5  file_path = '产品销售统计表'  # 列出要统计最大值和最小值的工作簿所在的
   文件夹路径
6  file_list = os.listdir(file_path)  # 列出文件夹下所有文件和子文件夹的
   名称
7  for j in file_list:  # 遍历文件夹下的文件
8      if os.path.splitext(j)[1] == '.xlsx':  # 判断文件是否是工作簿
9          workbook = app.books.open(file_path + '\\' + j)  # 打开文件
           夹中的工作簿
10         worksheet = workbook.sheets  # 列出当前工作簿中的所有工作表
```

```
11          for i in worksheet:  # 遍历工作簿中的工作表
12              values = i.range('A1').expand('table').options(pd.DataFrame).value  # 读取当前工作表的数据
13              max = values['销售利润'].max()  # 统计“销售利润”列的最大值
14              min = values['销售利润'].min()  # 统计“销售利润”列的最小值
15              i.range('I1').value = '最大销售利润'  # 在当前工作表的单元格I1中写入文本内容
16              i.range('J1').value = max  # 在当前工作表的单元格J1中写入统计出的最大值
17              i.range('I2').value = '最小销售利润'  # 在当前工作表的单元格I2中写入文本内容
18              i.range('J2').value = min  # 在当前工作表的单元格J2中写入统计出的最小值
19          workbook.save()  # 保存工作簿
20          workbook.close()  # 关闭工作簿
21  app.quit()  # 退出Excel程序
```

◎ 代码解析

第 7 ～ 20 行代码的外层 for 语句用于逐个打开工作簿并进行处理，完成后保存并关闭工作簿。其中第 11 ～ 18 行代码的内层 for 语句用于计算每个工作簿中每个工作表的最大值和最小值。

第 13 行和第 14 代码中指定的“销售利润”列可根据实际需求更改。第 14 ～ 18 行代码中引号内的单元格地址和写入的文本内容也可根据实际需求更改。

◎ 知识延伸

除了 sum()、mean()、count()、max()、min() 等函数，还可以用 value_counts() 函数统计重复值的个数，用 product() 函数计算乘积，用 std() 函数计算标准差，等等。

举一反三 批量统计一个工作簿中所有工作表的最大值和最小值

◎ 代码文件：批量统计一个工作簿中所有工作表的最大值和最小值.py
◎ 数据文件：产品销售统计表.xlsx

如果只想统计一个工作簿中所有工作表的最大值和最小值，可以通过以下代码来实现。

```
1  import xlwings as xw
2  import pandas as pd
3  app = xw.App(visible = False, add_book = False)
4  workbook = app.books.open('产品销售统计表.xlsx')
5  worksheet = workbook.sheets
6  for i in worksheet:
7      values = i.range('A1').expand('table').options(pd.DataFrame).
       value
8      max = values['销售利润'].max()
9      min = values['销售利润'].min()
10     i.range('I1').value = '最大销售利润'
11     i.range('J1').value = max
12     i.range('I2').value = '最小销售利润'
13     i.range('J2').value = min
14 workbook.save()
15 workbook.close()
16 app.quit()
```

案例 06 批量制作数据透视表

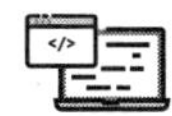

◎ 代码文件：批量制作数据透视表.py

◎ 数据文件：商品销售表（文件夹）

◎ 应用场景

小新，你用过 Excel 中的数据透视表功能吗？说说看它有什么优点。

当然用过。数据透视表能处理上万条数据，并且能在数秒之内汇总报表，是我在工作中分析数据的好帮手。

那你再和我实际演示一下制作数据透视表的基本步骤吧。

好的。如下图所示，先选中工作表中的任意数据，再启动“数据透视表”功能，在打开的对话框中设置好要分析的数据以及放置数据透视表的位置，就能得到一个数据透视表的模型。最后勾选要显示和汇总的字段，就完成了数据透视表的制作。王老师，我这才发现数据透视表的制作过程虽然不算复杂，但是操作步骤还真不少。

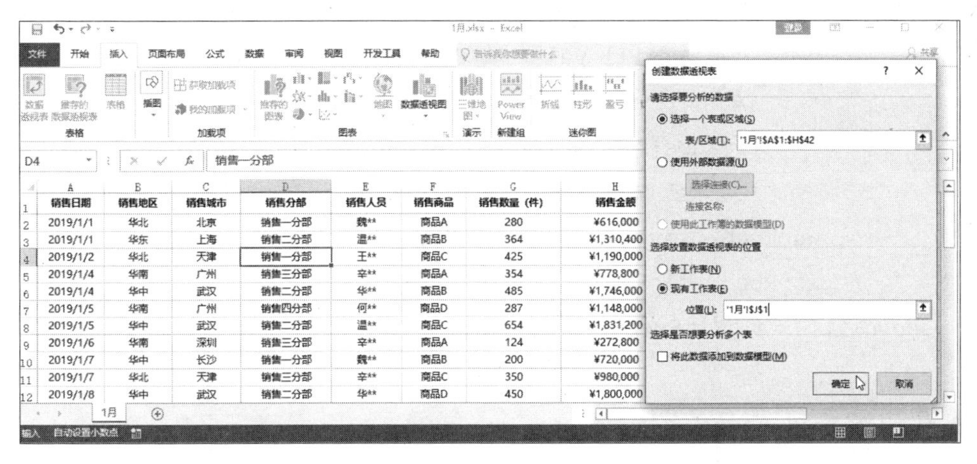

老王

想要让数据透视表的制作过程更加简单，就得掌握 pandas 模块的 pivot_table() 函数。下面一起来看看具体的代码吧。

◎ 实现代码

```
1   import os  # 导入os模块
2   import xlwings as xw  # 导入xlwings模块
3   import pandas as pd  # 导入pandas模块
4   app = xw.App(visible = False, add_book = False)  # 启动Excel程序
5   file_path = '商品销售表'  # 给出要制作数据透视表的工作簿所在的文件夹路径
6   file_list = os.listdir(file_path)  # 列出文件夹下所有文件和子文件夹的名称
7   for j in file_list:  # 遍历文件夹下的文件
8       if os.path.splitext(j)[1] == '.xlsx':  # 判断文件是否是工作簿
9           workbook = app.books.open(file_path + '\\' + j)  # 打开文件
            夹中的工作簿
10          worksheet = workbook.sheets  # 列出当前工作簿中的所有工作表
11          for i in worksheet:  # 遍历当前工作簿中的工作表
12              values = i.range('A1').expand('table').options(pd.
                DataFrame).value  # 读取当前工作表的数据
13              pivottable = pd.pivot_table(values, values = '销售金
                额', index = '销售地区', columns = '销售分部', aggfunc =
                'sum', fill_value = 0, margins = True, margins_name =
                '总计')  # 用读取的数据制作数据透视表
14              i.range('J1').value = pivottable  # 将制作的数据透视表写
                入当前工作表
15          workbook.save()  # 保存工作簿
16          workbook.close()  # 关闭工作簿
17  app.quit()  # 退出Excel程序
```

◎ 代码解析

第 13 行代码是制作数据透视表的核心代码。代码中的“销售金额”“销售地区”“销售分部”分别是数据透视表的值字段、行字段和列字段，可根据实际需求更改。代码中的 'sum' 是指

值字段的计算方式为对销售金额求和，如果想要计算平均值，可以更改为 'mean'。

第 14 行代码中的 J1 是指在工作表中写入数据透视表的起始单元格，可以根据实际需求更改为其他单元格。

◎ 知识延伸

第 13 行代码中的 pivot_table() 是 pandas 模块中的函数，用于创建一个电子表格样式的数据透视表。该函数的语法格式和常用参数含义如下。

pivot_table(data, values=None, index=None, columns=None, aggfunc='mean', fill_value=None, margins=False, dropna=True, margins_name='All')

参数	说明
data	必选参数，用于指定要制作数据透视表的数据区域
values	可选参数，用于指定汇总计算的字段
index	必选参数，用于指定行字段
columns	必选参数，用于指定列字段
aggfunc	用于指定汇总计算的方式，如 'sum'（求和）、'mean'（计算平均值）
fill_value	用于指定填充缺失值的内容，默认不填充
margins	用于设置是否显示行列的总计数据，为 False 时不显示，为 True 时则显示
dropna	用于设置当汇总后的整行数据都为空值时是否丢弃该行，为 True 时丢弃，为 False 时则不丢弃
margins_name	当参数 margins 为 True 时，用于设置总计数据行的名称

举一反三　为一个工作簿的所有工作表制作数据透视表

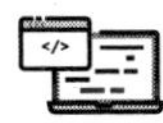

◎ 代码文件：为一个工作簿的所有工作表制作数据透视表.py

◎ 数据文件：商品销售表.xlsx

如果要一次性为一个工作簿中的所有工作表分别制作数据透视表，可通过以下代码来实现。

```
1  import xlwings as xw
2  import pandas as pd
3  app = xw.App(visible = False, add_book = False)
4  workbook = app.books.open('商品销售表.xlsx')
5  worksheet = workbook.sheets
6  for i in worksheet:
7      values = i.range('A1').expand('table').options(pd.DataFrame).
       value
8      pivottable = pd.pivot_table(values, values = '销售金额', index =
       '销售地区', columns = '销售分部', aggfunc = 'sum', fill_value = 0,
       margins = True, margins_name = '总计')
9      i.range('J1').value = pivottable
10 workbook.save()
11 workbook.close()
12 app.quit()
```

案例 07　使用相关系数判断数据的相关性

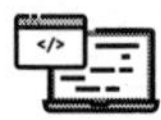

◎ 代码文件：使用相关系数判断数据的相关性.py
◎ 数据文件：相关性分析.xlsx

◎ 应用场景

下图为某个计算机软件公司部分代理商的年销售额、年广告费投入额、成本费用、管理费用等数据，根据这些数据你能判断出该公司的产品年销售额与哪些费用的相关性较大吗？

	A	B	C	D	E
1	代理商编号	年销售额（万元）	年广告费投入额（万元）	成本费用（万元）	管理费用（万元）
2	A-001	20.5	15.6	2	0.8
3	A-003	24.5	16.7	2.54	0.94
4	B-002	31.8	20.4	2.96	0.88
5	B-006	34.9	22.6	3.02	0.79
6	B-008	39.4	25.7	3.14	0.84
7	C-003	44.5	28.8	4	0.8
8	C-004	49.6	32.1	6.84	0.85
9	C-007	54.8	35.9	5.6	0.91
10	D-006	58.5	38.7	6.45	0.9
11	D-009	66.8	44.3	6.59	0.9
12	D-011	70.2	49.6	6.87	0.84
13	E-005	72.4	54.1	7.18	0.86

通过直接观察，我发现随着年广告费投入额和成本费用的增加，年销售额也会相对增加；而管理费用看起来与年销售额的相关性不大。但是用这种方式得出的结论过于草率了。

没错，要准确判断数据的相关性，我们必须使用靠谱的工具。在 Excel 中，我们可以使用 CORREL() 函数和相关系数工具来分析数据的相关性。在 Python 中，我们则可以使用 pandas 模块中 DataFrame 对象的相关系数计算函数——corr() 函数。下面一起来看看具体的代码吧。

◎ 实现代码

```
1  import pandas as pd  # 导入pandas模块
2  df = pd.read_excel('相关性分析.xlsx', index_col = '代理商编号')  # 从指定工作簿中读取要进行相关性分析的数据
3  result = df.corr()  # 计算任意两个变量之间的相关系数
4  print(result)  # 输出计算出的相关系数
```

◎ 代码解析

第 2 行代码用于读取要进行相关性分析的工作簿数据，并指定“代理商编号”列为数据的索引列。

第 3 行代码用于计算第 2 行代码读取的数据中任意两个变量之间的相关系数。

上述代码的运行结果是一个相关系数矩阵，见下表。

	年销售额（万元）	年广告费投入额（万元）	成本费用（万元）	管理费用（万元）
年销售额（万元）	1.000000	0.982321	0.953981	0.012364
年广告费投入额（万元）	0.982321	1.000000	0.917698	-0.046949
成本费用（万元）	0.953981	0.917698	1.000000	0.098500
管理费用（万元）	0.012364	-0.046949	0.098500	1.000000

corr() 函数默认计算的是两个变量之间的皮尔逊相关系数。该系数用于描述两个变量间线性相关性的强弱，取值范围为 [-1, 1]。系数为正值表示存在正相关性，为负值表示存在负相关性，为 0 表示不存在线性相关性。系数的绝对值越大，说明相关性越强。

上表中第 1 行第 2 列的数值 0.982321，表示的就是年销售额与年广告费投入额的皮尔逊相关系数，其余单元格中数值的含义依此类推。需要说明的是，上表中从左上角至右下角的对角线上的数值都为 1，这个 1 其实没有什么实际意义，因为它表示的是变量自身与自身的皮尔逊相关系数，自然是 1。

从上表可以看到，年销售额与年广告费投入额、成本费用之间的皮尔逊相关系数均接近 1，而与管理费用之间的皮尔逊相关系数接近 0，说明年销售额与年广告费投入额、成本费用之间均存在较强的线性正相关性，而与管理费用之间基本不存在线性相关性。前面通过直接观察法得出的结论是比较准确的。

◎ 知识延伸

❶ 第 2 行代码中的 read_excel() 是 pandas 模块中的函数，用于读取工作簿数据。3.5.2 节曾简单介绍过这个函数，这里再详细介绍一下它的语法格式和常用参数的含义。

read_excel(io, sheet_name=0, header=0, names=None, index_col=None, usecols=None, squeeze=False, dtype=None)

参数	说明
io	要读取的工作簿的文件路径

续表

参数	说明
sheet_name	默认值为 0。如果为字符串，则代表工作表名称；如果为整数，则代表工作表的序号（从 0 开始）；如果为字符串列表或整数列表，表示读取多个工作表；如果为 None，表示读取所有工作表
header	指定作为列名的行，默认为 0，即读取第 1 行的内容作为列名，读取列名行以下的内容作为数据；如果工作表原有内容没有列名，则应设置 header = None
names	指定要使用的列名列表，默认为 None
index_col	指定作为索引的列，默认为 None，表示用自动生成的整数序列作为索引
usecols	指定要读取的列。默认为 None，表示读取所有列；如果为字符串，如 'A:E' 或 'A,C,E:F' 等，表示按列标读取指定列；如果为整数列表，表示按列号（从 0 开始）读取指定列；如果为字符串列表，表示按列名读取指定列
squeeze	默认为 False，如果为 True，则表示当读取的数据只有一列时，返回一个 Series
dtype	指定数据或列的数据类型，默认为 None

❷ 第 3 行代码中的 corr() 是 pandas 模块中 DataFrame 对象自带的一个函数，用于计算列与列之间的相关系数。该函数的语法格式和常用参数含义如下。

可选参数，可以为 'pearson'（即皮尔逊相关系数）、'kendall' 或 'spearman'

corr(method='pearson', min_periods=1)

可选参数，为样本的最少数据量，默认是 1

举一反三　求单个变量和其他变量间的相关性

◎ 代码文件：求单个变量和其他变量间的相关性.py

◎ 数据文件：相关性分析.xlsx

如果想要判断某个变量与其他变量之间的相关性，可以在 corr() 函数后加上要判断的变量所在的列名，具体代码如下。

```
import pandas as pd
df = pd.read_excel('相关性分析.xlsx', index_col = '代理商编号')
result = df.corr()['年销售额（万元）']  # 计算年销售额与其他变量之间的皮尔逊相关系数
print(result)
```

案例 08 使用方差分析对比数据的差异

◎ 代码文件：使用方差分析对比数据的差异.py
◎ 数据文件：方差分析.xlsx

◎ 应用场景

某轮胎生产厂设计生产了 5 种型号的轮胎，现在要检验这些轮胎在平均刹车距离方面是否有显著差异，作为轮胎定价的参考依据。该厂选择了 50 辆相同的汽车，并为这 5 种型号的轮胎各随机选取了 10 辆汽车，以相同的速度进行试驾测试，得到如下图所示的刹车距离数据。你能通过分析这些数据判断不同型号轮胎的刹车距离是否存在显著差异吗？

	A	B	C	D	E	F
1	轮胎型号 / 刹车距离 / 汽车序号	A型号	B型号	C型号	D型号	E型号
2	1	281	284	271	290	295
3	2	268	281	258	270	294
4	3	271	275	259	284	290
5	4	279	271	254	261	287
6	5	274	279	268	260	268
7	6	273	265	267	261	291
8	7	285	284	259	271	284
9	8	265	268	268	258	287
10	9	268	263	264	262	259
11	10	280	359	259	263	295

这个问题可以用 Excel 的单因素方差分析功能来解决。但是在 Python 中，我就不知道该怎么编写代码了。

在 Python 中做方差分析，要用到与方差分析相关的 statsmodels.formula.api 模块和 statsmodels.stats.anova 模块，以及 ols() 函数和 anova_lm() 函数。下面一起来看看具体的代码。

◎ 实现代码

```
1   import pandas as pd  # 导入pandas模块
2   from statsmodels.formula.api import ols  # 导入statsmodels.formula.
    api模块中的ols()函数
3   from statsmodels.stats.anova import anova_lm  # 导入statsmodels.
    stats.anova模块中的anova_lm()函数
4   import xlwings as xw  # 导入xlwings模块
5   df = pd.read_excel('方差分析.xlsx')  # 读取指定工作簿中的数据
6   df = df[['A型号','B型号','C型号','D型号','E型号']]  # 选取“A型号”“B
    型号”“C型号”“D型号”“E型号”列的数据用于分析
7   df_melt = df.melt()  # 将列名转换为列数据，重构DataFrame
8   df_melt.columns = ['Treat', 'Value']  # 重命名列
9   df_describe = pd.DataFrame()  # 创建一个空DataFrame用于汇总数据
10  df_describe['A型号'] = df['A型号'].describe()  # 计算“A型号”轮胎刹
    车距离的平均值、最大值和最小值等
11  df_describe['B型号'] = df['B型号'].describe()  # 计算“B型号”轮胎刹
    车距离的平均值、最大值和最小值等
12  df_describe['C型号'] = df['C型号'].describe()  # 计算“C型号”轮胎刹
    车距离的平均值、最大值和最小值等
13  df_describe['D型号'] = df['D型号'].describe()  # 计算“D型号”轮胎刹
    车距离的平均值、最大值和最小值等
```

```
14  df_describe['E型号'] = df['E型号'].describe()  # 计算“E型号”轮胎
    刹车距离的平均值、最大值和最小值等
15  model = ols('Value~C(Treat)', data = df_melt).fit()  # 对样本数据
    进行最小二乘线性拟合计算
16  anova_table = anova_lm(model, typ = 3)  # 对样本数据进行方差分析
17  app = xw.App(visible = False)  # 启动Excel程序
18  workbook = app.books.open('方差分析.xlsx')  # 打开要写入分析结果的
    工作簿
19  worksheet = workbook.sheets['单因素方差分析']  # 选中工作表“单因素
    方差分析”
20  worksheet.range('H2').value = df_describe.T  # 将计算出的平均值、最
    大值和最小值等数据转置行列并写入工作表
21  worksheet.range('H14').value = '方差分析'  # 在工作表中写入文本“方
    差分析”
22  worksheet.range('H15').value = anova_table  # 将方差分析的结果写入
    工作表
23  workbook.save()  # 保存工作簿
24  workbook.close()  # 关闭工作簿
25  app.quit()  # 退出Excel程序
```

◎ 代码解析

第 5 ～ 8 行代码用于读取需要进行方差分析的工作簿数据，并从中选取需要用到的列数据，随后对选取的列数据进行结构转换和列的重命名。

第 9 ～ 14 行代码用于计算各个型号轮胎刹车距离的平均值、最大值和最小值等。

第 15 行和第 16 行代码用于对样本数据进行拟合计算和方差分析。

第 17 ～ 22 行代码用于打开工作簿，然后在工作表中写入第 9 ～ 14 行代码计算出的平均值、最大值和最小值等描述统计数据，以及第 16 行代码的方差分析结果。

上述代码的运行结果如下图所示。我们需要关心单元格 L17 中的数值，它相当于用 Excel

的单因素方差分析功能计算出的 P-value，代表观测到的显著性水平。通常情况下，该值≤0.01 表示有极显著的差异，该值在 0.01～0.05 之间表示有显著差异，该值≥0.05 表示没有显著差异。这里的 P-value 为 0.00674 ≤0.01，说明 5 种型号轮胎的平均刹车距离有极显著的差异，该厂可以据此采取这样的定价策略：平均刹车距离越短的型号定价越高。

	H	I	J	K	L	M	N	O	P
2		count	mean	std	min	25%	50%	75%	max
3	A型号	10	274.4	6.60303	265	268.75	273.5	279.75	285
4	B型号	10	282.9	27.79868	263	268.75	277	283.25	359
5	C型号	10	262.7	5.618422	254	259	261.5	267.75	271
6	D型号	10	268	10.93415	258	261	262.5	270.75	290
7	E型号	10	285	12.09224	259	284.75	288.5	293.25	295

14	方差分析				
15		sum_sq	df	F	PR(>F)
16	Intercept	752953.6	1	3380.381	5.52E-44
17	C(Treat)	3622.6	4	4.065911	0.00674
18	Residual	10023.4	45		

◎ 知识延伸

❶ 第 7 行代码中的 melt() 是 pandas 模块中 DataFrame 对象的函数，用于将列名转换为列数据，效果如下图所示，以满足后续使用的 ols() 函数对数据结构的要求。

	A	B	C	D	E
1	A型号	B型号	C型号	D型号	E型号
2	281	284	271	290	295
3	268	281	258	270	294
4	271	275	259	284	290
5	279	271	254	261	287
6	274	279	268	260	268
7	273	265	267	261	291
8	285	284	259	271	284
9	265	268	268	258	287
10	268	263	264	262	259
11	280	359	259	263	295

→

	A	B
1	型号	值
2	A型号	281
3	A型号	268
4	……	……
5	B型号	284
6	B型号	281
7	……	……
8	C型号	271
9	C型号	258
10	……	……
11	D型号	290
12	D型号	270
13	……	……
14	E型号	295
15	E型号	294

melt() 函数的语法格式和常用参数含义如下。

melt(id_vars=None, value_vars=None, var_name=None, value_name='value', col_level=None)

参数	说明
id_vars	不需要转换的列的列名
value_vars	需要转换的列的列名，如果未指明，则除 id_vars 之外的列都将被转换
var_name	参数 value_vars 的值转换后的列名
value_name	数值列的列名
col_level	可选参数，如果不止一个索引列，则使用该参数

❷ 第 10 ～ 14 行代码中的 describe() 是 pandas 模块中 DataFrame 对象的函数，用于总结数据集分布的集中趋势，生成描述性统计数据。该函数的语法格式和常用参数含义如下。

DataFrame.describe(percentiles=None, include=None, exclude=None)

参数	说明
percentiles	可选参数，数据类型为列表，用于设定数值型特征的统计量。默认值为 None，表示返回 25%、50%、75% 数据量时的数字
include	可选参数，用于设定运行结果要包含哪些数据类型的列。默认值为 None，表示运行结果将包含所有数据类型为数字的列
exclude	可选参数，用于设定运行结果要忽略哪些数据类型的列。默认值为 None，表示运行结果将不忽略任何列

❸ 第 15 行代码中的 ols() 是 statsmodels.formula.api 模块中的函数，用于对数据进行最小二乘线性拟合计算。该函数的语法格式和常用参数含义如下。

ols(formula, data)

参数	说明
formula	用于指定模型的公式的字符串
data	用于搭建模型的数据

❹ 第 16 行代码中的 anova_lm() 是 statsmodels.stats.anova 模块中的函数，用于对数据进行方差分析并输出结果。该函数的语法格式和常用参数含义如下。

anova_lm(args, scale, test, typ, robust)

参数	说明
args	一个或多个拟合线性模型
scale	方差估计，如果为 None，将从最大的模型估计
test	提供测试统计数据
typ	要进行的方差分析的类型
robust	使用异方差校正系数协方差矩阵

举一反三 绘制箱形图识别异常值

◎ 代码文件：绘制箱形图识别异常值.py

◎ 数据文件：方差分析.xlsx

如果想要用图表来观察数据的离散分布情况并识别异常值，可以使用 Python 绘制箱形图，具体代码如下。

```
1  import pandas as pd
2  import matplotlib.pyplot as plt
3  import xlwings as xw
4  df = pd.read_excel('方差分析.xlsx')
5  df = df[['A型号', 'B型号', 'C型号', 'D型号', 'E型号']]
6  figure = plt.figure()  # 创建绘图窗口
7  plt.rcParams['font.sans-serif'] = ['SimHei']  # 解决中文乱码问题
8  df.boxplot(grid = False)  # 绘制箱形图并删除网格线
```

```
 9  app = xw.App(visible = False)
10  workbook = app.books.open('方差分析.xlsx')
11  worksheet = workbook.sheets['单因素方差分析']
12  worksheet.pictures.add(figure, name = '图片1', update = True, left
    = 500, top = 10)  # 将绘制的箱形图插入工作表
13  workbook.save('箱形图.xlsx')
14  workbook.close()
15  app.quit()
```

运行以上代码，可得到如右图所示的箱形图，图中用圆圈标识的数据点就是异常值。

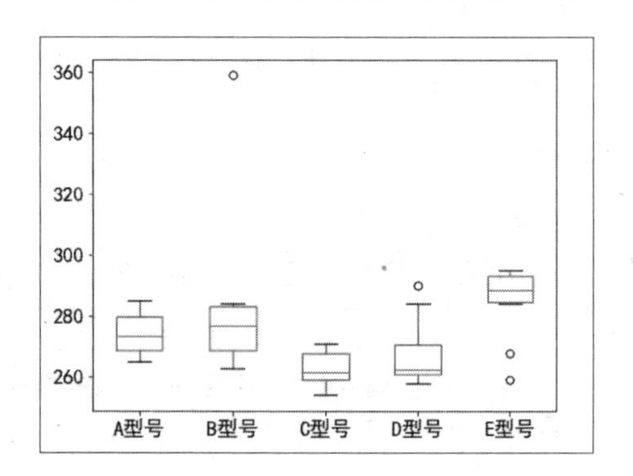

案例 09　使用描述统计和直方图制定目标

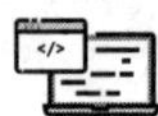

◎ 代码文件：使用描述统计和直方图制定目标.py

◎ 数据文件：描述统计.xlsx

◎ 应用场景

某财产保险公司要对保险业务员实行目标管理，并根据目标完成情况建立相应的奖惩制度。下图所示为从该公司的几百名业务员中随机抽取的 50 人的月销售额数据。如果你是该公司的业务主管，你会如何确定业务员的具体销售目标呢？

	A	B	C
1	序号	员工姓名	月销售额（万元）
2	1	席**	25.34
3	2	明**	8.54
4	3	向**	17.24
5	4	穆**	24.56
6	5	柯**	9.56
7	6	高**	11.21
8	7	季**	18.24
9	8	魏**	26.3
10	9	谢**	15.64
11	10	赵**	17.85
12	11	闵**	17.8
13	12	孙**	23.15
14	13	李**	17.25
15	14	冯**	12.38
16	15	董**	18.78
17	16	卫**	17.89
18	17	杨**	17.66
19	18	曾**	26.4
20	19	莫**	16.68
21	20	温**	23.94
22	21	夏**	15.56
23	22	陈**	9.41
24	23	刘**	32.54
25	24	金**	13.64
26	25	王**	23.15

	A	B	C
25	24	金**	13.64
26	25	王**	23.15
27	26	封**	15.88
28	27	栢**	11.43
29	28	明**	19.25
30	29	萧**	17.94
31	30	梁**	24.87
32	31	刘**	17.39
33	32	邢**	18.24
34	33	谭**	21.31
35	34	淳**	15.88
36	35	庄**	14.87
37	36	蔺**	22.84
38	37	万**	27.54
39	38	黄**	13.33
40	39	郑**	32.56
41	40	安**	22.16
42	41	季**	18.64
43	42	罗**	21.03
44	43	庞**	19.91
45	44	成**	24.87
46	45	高**	24.54
47	46	程**	21.88
48	47	孟**	14.61
49	48	习**	17.41
50	49	邵**	23.45

如果销售目标定得太高，就会有很多人完不成任务，从而失去工作的信心；如果销售目标定得过低，又不利于挖掘业务员的潜力。但是我发现，有很大一部分业务员的月销售额都在一定的区间内徘徊。因此，可以运用 Excel 中的描述统计工具获取各业务员月销售额的平均数、中位数、众数、标准差等指标，从而估算出销售目标。此外，还可以对销售数据进行分组，并绘制直方图来直观地展示数据。

不错，很有想法。其实用 Python 也能实现你的构想，如使用 describe() 函数计算平均值、最大值和最小值等描述统计数据，使用 cut()、groupby()、hist() 等函数对数据进行分组并制作直方图，再通过我们的进一步分析，制定出合理的销售目标。下面一起来看看具体的代码吧。

◎ 实现代码

```
1  import pandas as pd  # 导入pandas模块
2  import matplotlib.pyplot as plt  # 导入Matplotlib模块
3  import xlwings as xw  # 导入xlwings模块
4  df = pd.read_excel('描述统计.xlsx')  # 读取指定工作簿中的数据
```

```
5   df.columns = ['序号', '员工姓名', '月销售额']  # 重命名数据列
6   df = df.drop(columns=['序号', '员工姓名'])  # 删除“序号”列和“员工
    姓名”列
7   df_describe = df.astype('float').describe()  # 计算数据的个数、平均
    值、最大值和最小值等描述统计数据
8   df_cut = pd.cut(df['月销售额'], bins = 7, precision = 2)  # 将“月销
    售额”列的数据分成7个均等的区间
9   cut_count = df['月销售额'].groupby(df_cut).count()  # 统计各个区间的
    人数
10  df_all = pd.DataFrame()  # 创建一个空DataFrame用于汇总数据
11  df_all['计数'] = cut_count  # 将月销售额的区间及区间的人数写入前面创建
    的DataFrame中
12  df_all_new = df_all.reset_index()  # 将索引重置为数字序号
13  df_all_new['月销售额'] = df_all_new['月销售额'].apply(lambda x:
    str(x))  # 将“月销售额”列的数据转换为字符串类型
14  fig = plt.figure()  # 创建绘图窗口
15  plt.rcParams['font.sans-serif'] = ['SimHei']  # 解决中文乱码问题
16  n, bins, patches = plt.hist(df['月销售额'], bins = 7, edgecolor =
    'black', linewidth = 0.5) # 使用“月销售额”列的数据绘制直方图
17  plt.xticks(bins)  # 将直方图x轴的刻度标签设置为各区间的端点值
18  plt.title('月销售额频率分析')  # 设置直方图的图表标题
19  plt.xlabel('月销售额')  # 设置直方图x轴的标题
20  plt.ylabel('频数')  # 设置直方图y轴的标题
21  app = xw.App(visible = False)  # 启动Excel程序
22  workbook = app.books.open('描述统计.xlsx')  # 打开要写入分析结果的工
    作簿
23  worksheet = workbook.sheets['业务员销售额统计表']  # 选中工作簿中的工
    作表
```

```
24  worksheet.range('E2').value = df_describe  # 将计算出的个数、平均
    值、最大值和最小值等数据写入工作表
25  worksheet.range('H2').value = df_all_new  # 将月销售额的区间及区间的
    人数写入工作表
26  worksheet.pictures.add(fig, name = '图片1', update = True, left =
    400, top = 200)  # 将绘制的直方图转换为图片并写入工作表
27  worksheet.autofit()  # 根据数据内容自动调整工作表的行高和列宽
28  workbook.save('描述统计1.xlsx')  # 另存工作簿
29  workbook.close()  # 关闭工作簿
30  app.quit()  # 退出Excel程序
```

◎ 代码解析

第 4 行代码使用 pandas 模块中的 read_excel() 函数读取工作簿“描述统计.xlsx”中的数据，再通过第 5 行和第 6 行代码处理读取的数据，如重命名列、删除不需要的列数据等。完成后通过第 7 行代码计算数据的个数、平均值、最大值和最小值等描述统计数据。

第 8 行代码用于将月销售额数据分为 7 个区间，第 9 行代码用于统计各个区间的人数，第 10 ～ 13 行代码创建数据表格，将第 8 行和第 9 行代码的分析结果添加到数据表格中，并为数据表格添加索引列。

第 14 ～ 20 行代码完成直方图的绘制。其中最核心的是第 16 行代码，它使用 Matplotlib 模块中的 hist() 函数绘制直方图，绘制时将数据平均划分为 7 个区间（bins = 7），以与第 8 行和第 9 行代码进行的分组统计保持一致，此外还适当设置了直方图中柱子的边框颜色和粗细，以提高图表的可读性。第 17 行代码将绘制直方图的过程中划分区间得到的端点值标注在 x 轴上。

第 21 ～ 27 行代码用于打开工作簿“描述统计.xlsx”，在工作表“业务员销售额统计表”中写入计算出的各项描述统计数据以及月销售额区间和人数，并将绘制的直方图以图片的形式写入工作表。其中第 24 行和第 25 行代码中的单元格 E2 和 H2 为要写入数据的区域左上角的单元格，可根据实际需求更改为其他单元格。完成数据和图片的写入后，使用第 28 ～ 30 行代码保存工作簿并退出 Excel 程序。

运行上述代码后，打开生成的工作簿“描述统计 1.xlsx”，可以看到如右图所示的描述统计数据和分组统计数据。

E	F	G	H	I	J
	月销售额			月销售额	计数
count	50		0	(8.52, 11.97]	5
mean	19.194		1	(11.97, 15.4]	5
std	5.457526912		2	(15.4, 18.83]	19
min	8.54		3	(18.83, 22.27]	6
25%	15.88		4	(22.27, 25.7]	10
50%	18.09		5	(25.7, 29.13]	3
75%	23.15		6	(29.13, 32.56]	2
max	32.56				

描述统计数据中几个比较重要的值分别为平均值（mean）19.194、标准差（std）5.46、中位数（50%）18.09、最小值 8.54、最大值 32.56。

在工作簿中还可以看到如下图所示的直方图，根据直方图可以看出，月销售额基本上以 18 为基数向两边递减，即 18 最普遍。

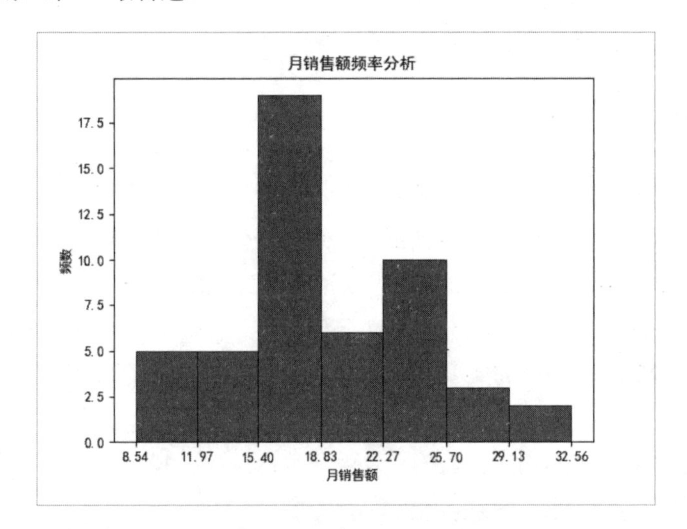

综合考虑上面的描述统计数据及直方图的分布情况，并适当增加目标的挑战性，将月销售额的目标（万元）定在 18 ～ 20 之间是比较合理的，大多数人应该能够完成。

◎ 知识延伸

❶ 第 8 行代码中的 cut() 是 pandas 模块中的函数，用于对数据进行离散化处理，也就是将数据从最大值到最小值进行等距划分。该函数的语法格式和常用参数含义如下。

cut(x, bins, right=True, labels=None, retbins=False, precision=3, include_lowest=False)

参数	说明
x	要进行离散化的一维数组
bins	如果为整数，表示将 x 划分为多少个等间距的区间；如果为序列，表示将 x 划分在指定的序列中
right	设置区间是否包含右端点
labels	为划分出的区间指定名称标签
retbins	设置是否返回每个区间的端点值
precision	设置区间端点值的精度
include_lowest	设置区间是否包含左端点

❷ 第 12 行代码中的 reset_index() 是 pandas 模块中 DataFrame 对象的函数，用于重置 DataFrame 对象的索引。在 3.5.1 节中曾简单介绍过 reset_index() 函数的用法，这里再详细介绍一下该函数的语法格式和常用参数含义。

DataFrame.reset_index(level=None, drop=False, inplace=False, col_level=0, col_fill='')

参数	说明
level	控制要重置哪个等级的索引
drop	默认值为 False，表示索引列会被还原为普通列，否则会丢失
inplace	默认值为 False，表示不修改原有的 DataFrame，而是创建新的 DataFrame
col_level	当列有多个级别时，用于确定将标签插入哪个级别。默认值为 0，表示插入第一个层级
col_fill	当列有多个级别时，用于确定如何命名其他级别。默认值为 ''，如果为 None，则重复使用索引名

❸ 第 14 行代码中的 figure() 是 matplotlib.pyplot 模块中的函数，用于创建一个绘图窗口。在 3.7.2 节中曾使用过 figure() 函数，这里再详细介绍一下该函数的语法格式和常用参数含义。

figure(num=None, figsize=None, dpi=None, facecolor=None, edgecolor=None, frameon=True, clear=False)

参数	说明
num	可选参数，用于设置窗口的名称，默认值为 None
figsize	可选参数，用于设置窗口的大小，默认值为 None
dpi	可选参数，用于设置窗口的分辨率，默认值为 None
facecolor	可选参数，用于设置窗口的背景颜色
edgecolor	可选参数，用于设置窗口的边框颜色
frameon	可选参数，表示是否绘制窗口的图框，如果为 False，则绘制窗口的图框
clear	可选参数，如果为 True 并且窗口中已经有图形，则清除该窗口中的图形

❹ 第 16 行代码中的 hist() 是 Matplotlib 模块中的函数，用于绘制直方图。该函数的语法格式和常用参数含义如下。

hist(x, bins=None, range=None, density=False, color=None, edgecolor=None, linewidth=None)

参数	说明
x	指定用于绘制直方图的数据
bins	如果为整数，表示将数据等分为相应数量的区间，默认值为 10；如果为序列，表示用序列的元素作为区间的端点值
range	指定参与分组统计的数据的范围，不在此范围内的数据将被忽略。如果参数 bins 取值为序列形式，则此参数无效
density	如果为 True，表示绘制频率直方图；如果为 False，表示绘制频数直方图
color/edgecolor/linewidth	分别用于设置柱子的填充颜色、边框颜色、边框粗细

举一反三　使用自定义区间绘制直方图

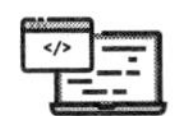

◎ 代码文件：使用自定义区间绘制直方图.py
◎ 数据文件：描述统计.xlsx

案例 09 的代码通过指定区间的数量对数据进行均匀分组，区间的端点值是自动计算出来的，如果要指定区间的端点值，可将 cut() 和 hist() 函数的参数 bins 设置为序列形式，具体代码如下。

```
1  import pandas as pd
2  import matplotlib.pyplot as plt
3  import xlwings as xw
4  df = pd.read_excel('描述统计.xlsx')
5  df.columns = ['序号','员工姓名','月销售额']
6  df = df.drop(columns=['序号','员工姓名'])
7  df_describe = df.astype(float).describe()
8  df_cut = pd.cut(df['月销售额'], bins = range(8, 37, 4))  # 按指定的
   端点值划分区间
9  cut_count = df['月销售额'].groupby(df_cut).count()
10 df_all = pd.DataFrame()
11 df_all['计数'] = cut_count
12 df_all_new = df_all.reset_index()
13 df_all_new['月销售额'] = df_all_new['月销售额'].apply(lambda x:
   str(x))
14 fig = plt.figure()
15 plt.rcParams['font.sans-serif'] = ['SimHei']
16 n, bins, patches = plt.hist(df['月销售额'], bins = range(8, 37, 4),
   edgecolor = 'black', linewidth = 0.5)  # 按指定的端点值划分区间
17 plt.xticks(bins)
```

```
18  plt.title('月销售额频率分析')
19  plt.xlabel('月销售额')
20  plt.ylabel('频数')
21  app = xw.App(visible = False)
22  workbook = app.books.open('描述统计.xlsx')
23  worksheet = workbook.sheets['业务员销售额统计表']
24  worksheet.range('E2').value = df_describe
25  worksheet.range('H2').value = df_all_new
26  worksheet.pictures.add(fig, name = '图片1', update = True, left =
    400, top = 200)
27  worksheet.autofit()
28  workbook.save('描述统计2.xlsx')
29  workbook.close()
30  app.quit()
```

第 8 行和第 16 行代码将 cut() 和 hist() 函数的参数 bins 设置为 range(8, 37, 4)，它代表的是一个等差整数序列 8、12、16、20、24、28、32、36，因此，运行上述代码后，打开生成的工作簿“描述统计 2.xlsx”，可以看到如下图所示的分组统计数据和直方图。需要注意的是，因为 range() 函数具有“左闭右开”的特性，所以这里将终止值（第 2 个参数）设置得比 36 大一些，否则生成的序列只到 32 为止，这样会导致无法将最大值 32.56 统计在内。

H	I	J
	月销售额	计数
0	(8, 12]	5
1	(12, 16]	9
2	(16, 20]	17
3	(20, 24]	9
4	(24, 28]	8
5	(28, 32]	0
6	(32, 36]	2

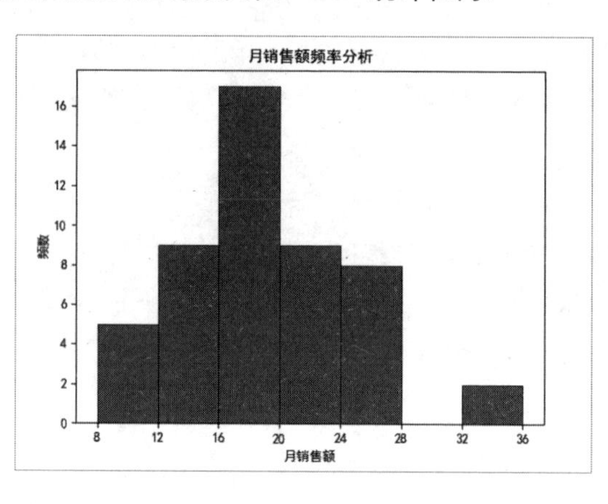

案例 10　使用回归分析预测未来值

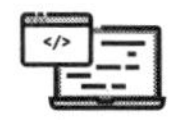

◎ 代码文件：使用回归分析预测未来值.py
◎ 数据文件：回归分析.xlsx

◎ 应用场景

老王：下图为某公司 2019 年每月的汽车销售额和在两种渠道投入的广告费，如果现在需要根据广告费来预测销售额，你会怎么做呢？

	A	B	C	D	E
1	2019年各月的销售额和广告费支出数据情况				
2	月份	电视台广告费（万元） x_1	视频门户广告费（万元） x_2	汽车当月销售额（万元） y	
3	1	20	15	659	
4	2	22	30	1420	
5	3	19	28	1267	
6	4	25	24	1080	
7	5	25	31	1480	
8	6	18	22	943	
9	7	27	22	1108	
10	8	26	26	1340	
11	9	15	30	1390	
12	10	18	19	765	
13	11	33	28	1369	
14	12	24	19	880	

我知道使用 Excel 的数据分析工具中的“回归”功能可以拟合出线性回归方程，但是如何判断拟合出的方程是否可靠，在 Python 中又该怎么编程呢？

要判断方程是否可靠，需要通过计算 R^2 值来判断方程的拟合程度。在 Python 中，使用 sklearn 模块的 LinearRegression() 函数可以快速拟合出线性回归方程，使用 score() 函数可以计算 R^2 值。下面就来看看如何在拟合出方程后计算 R^2 值。

◎ 实现代码

```
1   import pandas as pd  # 导入pandas模块
2   from sklearn import linear_model  # 导入sklearn模块
3   df = pd.read_excel('回归分析.xlsx', header = None)  # 读取指定工作簿
    中的数据
4   df = df[2:]  # 删除前两行数据
5   df.columns = ['月份', '电视台广告费', '视频门户广告费', '汽车当月销售
    额']  # 重命名数据列
6   x = df[['视频门户广告费', '电视台广告费']]  # 获取“视频门户广告费”列
    和“电视台广告费”列的数据作为自变量
7   y = df['汽车当月销售额']  # 获取“汽车当月销售额”列的数据作为因变量
8   model = linear_model.LinearRegression()  # 创建一个线性回归模型
9   model.fit(x, y)  # 用自变量和因变量数据对线性回归模型进行训练，拟合出线
    性回归方程
10  R2 = model.score(x, y)  # 计算R²值
11  print(R2)  # 输出R²值
```

◎ 代码解析

第 3 行代码从指定工作簿中读取数据，第 4 ～ 7 行代码对读取的数据进行处理，为进行线性回归分析做好准备。

第 8 行和第 9 行代码创建一个线性回归模型并利用处理好的数据训练模型，随后在第 10 行代码中计算出 R^2 值，并通过第 11 行代码输出该值。

上述代码的运行结果如下：

```
1   0.9727262235892344
```

R^2 值的取值范围为 0 ～ 1，越接近 1，说明方程的拟合程度越高。这里计算出的 R^2 值比较接近 1，说明方程的拟合程度较高，可以用此方程来进行预测。

◎ 知识延伸

❶ 第 8 行代码中的 LinearRegression() 是 sklearn 模块中的函数，用于创建一个线性回归模型。该函数的语法格式和常用参数含义如下。

LinearRegression(fit_intercept=True, normalize=False, copy_X=True, n_jobs=1)

参数	说明
fit_intercept	可选参数，表示是否需要计算截距，默认值为 True
normalize	可选参数，表示是否对数据进行标准化处理，默认值为 False
copy_X	可选参数，默认值为 True，表示复制 X 值。如果为 False，表示该值可能被覆盖
n_jobs	可选参数，表示计算时使用的 CPU 数量，默认值为 1

❷ 第 10 行代码中的 score() 是 sklearn 模块中的函数，用于计算回归模型的 R^2 值。该函数的语法格式为 score(x, y, sample_weight=None)。

举一反三　使用回归方程计算预测值

◎ 代码文件：使用回归方程计算预测值.py
◎ 数据文件：回归分析.xlsx

前面通过计算 R^2 值知道了方程的拟合程度较高，接着就可以利用这个方程来进行预测。假设某月在电视台和视频门户分别投入了 20 万元和 30 万元广告费，要预测该月的汽车销售额，可以通过以下代码来实现。

```
1   import pandas as pd
2   from  sklearn import linear_model
3   df = pd.read_excel('回归分析.xlsx', header = None)
4   df = df[2:]
```

```
5   df.columns = ['月份', '电视台广告费', '视频门户广告费', '汽车当月销售
    额']
6   x = df[['视频门户广告费', '电视台广告费']]
7   y = df['汽车当月销售额']
8   model = linear_model.LinearRegression()
9   model.fit(x,y)
10  coef = model.coef_  # 获取自变量的系数
11  model_intercept = model.intercept_  # 获取截距
12  result = 'y={}*x1+{}*x2{}'.format(coef[0], coef[1], model_inter-
    cept)  # 获取线性回归方程
13  print('线性回归方程为：', '\n', result)  # 输出线性回归方程
14  a = 30  # 设置视频门户广告费
15  b = 20  # 设置电视台广告费
16  y = coef[0] * a + coef[1] * b + model_intercept  # 根据线性回归方程
    计算汽车销售额
17  print(y)  # 输出计算出的汽车销售额
```

上述代码的运行结果如下。说明在视频门户和电视台分别投入 30 万元和 20 万元广告费时，汽车销售额预测值约为 1398.2 万元。

```
1   线性回归方程为：
2    y=51.06148377665353*x1+9.133786669280699*x2-316.28885036504084
3   1398.231396320179
```

第 7 章

使用 Python 制作简单的图表并设置图表元素

在 Excel 中，使用图表工具可以制作出各种专业的图表，实现数据的可视化。而在 Python 中，使用第 3 章介绍过的 Matplotlib 模块就能实现与 Excel 图表工具相同的功能。本章将通过多个案例讲解利用 Matplotlib 模块制作简单图表的方法，并对图表的元素，如图表标题、坐标轴标题和数据标签等进行格式设置。

案例 01　在 Python 中制作简单的图表

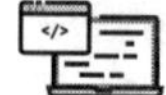

◎ 代码文件：折线图.py

◎ 应用场景

王老师，我们是要从右图所示的折线图开始学习制作图表的方法吗？这也太简单了吧，能不能从复杂一点的图表讲起呢？

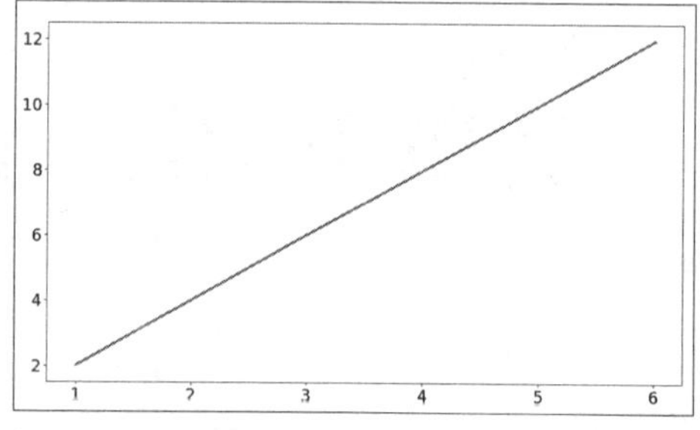

老王

急躁冒进是学习的大敌。这个图表虽然简单，却包含了一个图表必备的基本元素，是学习图表制作的基础。Matplotlib 模块为不同类型的图表提供了对应的函数，要制作这个折线图，需要用到 plot() 函数。具体代码如下。

◎ 实现代码

```
1  import matplotlib.pyplot as plt  # 导入Matplotlib模块
2  x = [1, 2, 3, 4, 5, 6]  # 给出x坐标的数据
3  y = [2, 4, 6, 8, 10, 12]  # 给出y坐标的数据
4  plt.plot(x, y, color = 'red', linewidth = 3, linestyle = 'solid')  # 绘
   制折线图
5  plt.show()  # 显示绘制的图表
```

◎ 代码解析

第 2 行和第 3 行代码用于给出图表的 *x*、*y* 坐标的数据。第 4 行代码用于根据给出的数据绘制折线图，并对折线图的折线颜色、折线粗细和线型进行设置，这些设置可以根据实际需求更改。第 5 行代码用于在一个窗口中显示绘制的折线图。

◎ 知识延伸

❶ 第 4 行代码中的 plot() 是 Matplotlib 模块的函数，用于绘制折线图。该函数在 3.6.1 节曾使用过，这里再详细介绍一下它的语法格式和常用参数含义。其中对参数 color 和 linestyle 的说明也适用于 Matplotlib 模块的大多数绘图函数。

plot(x, y, color, linewidth, linestyle)

参数	说明
x	*x* 坐标的值
y	*y* 坐标的值
color	折线的颜色。Matplotlib 模块支持多种格式定义的颜色，常用的有： • 用颜色名的单词或其简写定义的 8 种基础颜色，包括 'blue' 或 'b'（蓝色）、'green' 或 'g'（绿色）、'red' 或 'r'（红色）、'cyan' 或 'c'（青色）、'magenta' 或 'm'（洋红色）、'yellow' 或 'y'（黄色）、'black' 或 'k'（黑色）、'white' 或 'w'（白色） • 用 RGB 值的浮点数元组定义的颜色，RGB 值通常是用 0 ～ 255 的十进制整数表示的，如 (51, 255, 0)，将每个元素除以 255，得到 (0.2, 1.0, 0.0)，就是 Matplotlib 模块可以识别的 RGB 颜色 • 用 RGB 值的十六进制字符串定义的颜色，如 '#33FF00'，其与 (51, 255, 0) 是相同的 RGB 颜色，读者可自行搜索“十六进制颜色码转换工具”来获取更多颜色
linewidth	折线的粗细
linestyle	折线的线型。用特定含义的字符串表示，可取的值有：'-' 或 'solid'，表示实线；'--' 或 'dashed'，表示由短横线组成的虚线；'-.' 或 'dashdot'，表示点划线；':' 或 'dotted'，表示由点组成的虚线；'None' 或 ' ' 或 ''，表示不绘制线条

❷ 第 5 行代码中的 show() 是 Matplotlib 模块的函数，用于显示绘制的图表。该函数在 3.6 节曾使用过，其最常用的形式就是不传入任何参数的 show()。

举一反三　在 Python 中制作柱形图

◎ 代码文件：柱形图.py

如果要在 Python 中制作简单的柱形图，可以通过以下代码实现。

```
1  import matplotlib.pyplot as plt
2  x = [1, 2, 3, 4, 5, 6]
3  y = [50, 60, 80, 78, 95, 70]
4  plt.bar(x, y, width = 0.8, align = 'center', color = 'blue')  #绘
   制柱形图
5  plt.show()
```

运行以上代码，即可得到如右图所示的柱形图。

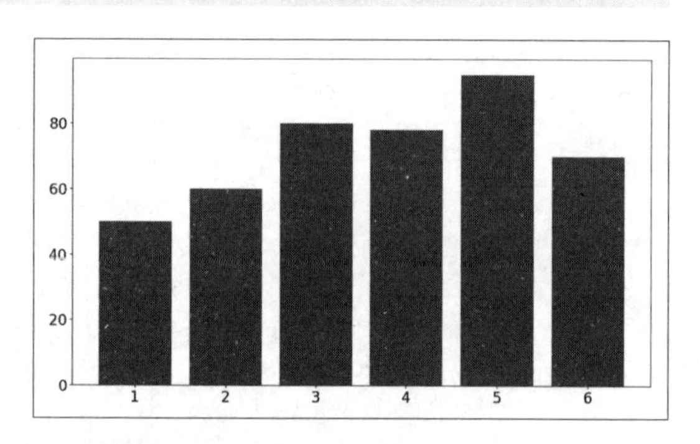

第 4 行代码中的 bar() 就是 Matplotlib 模块中用于制作柱形图的函数。这个函数在 3.6.2 节曾使用过，这里再详细介绍一下它的语法格式和常用参数含义。

bar(x, height, width=0.8, bottom=None, align='center', color, edgecolor, linewidth)

参数	说明
x	*x* 坐标的值
height	*y* 坐标的值，也就是每根柱子的高度
width	柱子的宽度，默认值为 0.8
bottom	每根柱子的底部的 *y* 坐标值
align	柱子的位置与 *x* 坐标的关系。默认值为 'center'，表示柱子与 *x* 坐标居中对齐；如为 'edge'，表示柱子与 *x* 坐标左对齐
color	柱子的填充颜色
edgecolor	柱子的边框颜色
linewidth	柱子的边框粗细

举一反三　在 Python 中制作条形图

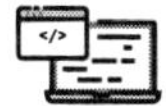

◎ 代码文件：条形图.py

如果要在 Python 中制作简单的条形图，可以通过以下代码实现。

```
1  import matplotlib.pyplot as plt
2  x = [1, 2, 3, 4]
3  y = [60, 25, 78, 50]
4  plt.barh(x, y, align = 'center', color = 'blue')  # 绘制条形图
5  plt.show()
```

运行以上代码，即可得到如右图所示的条形图。

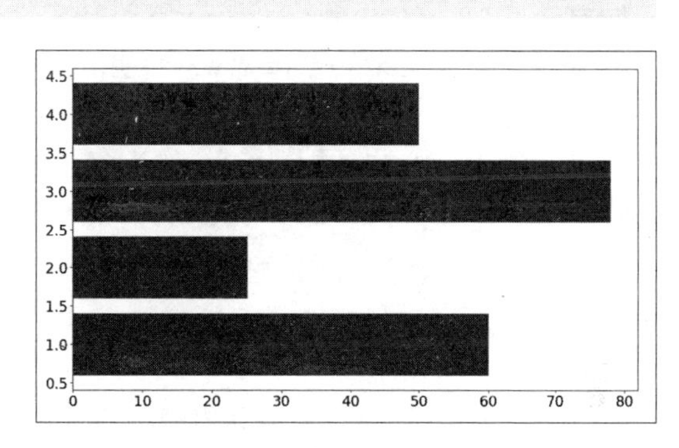

第 4 行代码中的 barh() 就是 Matplotlib 模块中用于绘制条形图的函数。该函数的语法格式和常用参数含义如下。

barh(y, width, height=0.8, left=None, align='center', color, edgecolor, linewidth)

参数	说明
y	*y* 坐标的值
width	*x* 坐标的值，也就是每根条形的宽度
height	条形的高度，默认值为 0.8
left	每根条形的左侧边缘的 *x* 坐标值
align	条形的位置与 *y* 坐标的关系。默认值为 'center'，表示条形与 *y* 坐标居中对齐；如为 'edge'，表示条形的底部与 *y* 坐标对齐

续表

参数	说明
color	条形的填充颜色
edgecolor	条形的边框颜色
linewidth	条形的边框粗细

举一反三 在 Python 中制作饼图

◎ 代码文件：饼图.py

如果要在 Python 中制作简单的饼图，可以通过以下代码实现。

```
1  import matplotlib.pyplot as plt
2  x = [25, 45, 69, 30, 80, 12]
3  plt.pie(x)  # 根据x坐标值绘制饼图
4  plt.show()
```

运行以上代码，即可得到如右图所示的饼图。如果要为该饼图添加数据标签、图表标题等图表元素，就要用到本章后面讲解的知识。

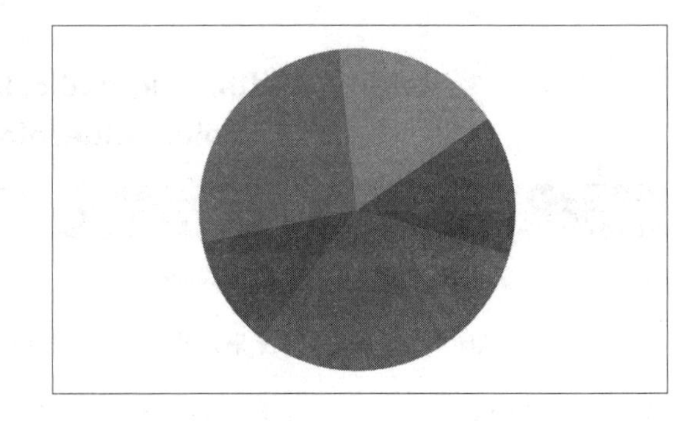

案例 02　在 Python 中导入 Excel 数据制作简单的图表

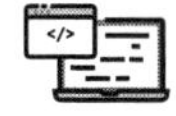

◎ 代码文件：导入数据制作柱形图.py

◎ 数据文件：销售业绩表.xlsx

◎ 应用场景

上一个案例是直接在代码中输入数据来绘制图表，该方法适用于数据较少的情况。如果数据较多，这种方法就不太适用了。例如，假设要制作如右图所示的柱形图来对比 1—12 月的销售额，而制作图表的数据保存在一个工作簿中。小新，你先自己思考一下，应该怎么办呢？

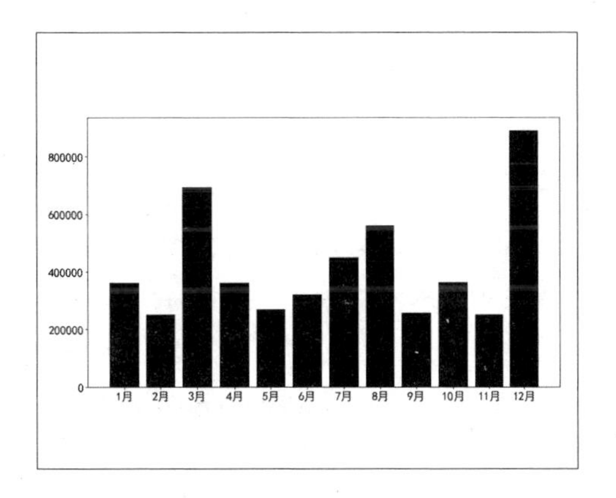

小新：我记得前面讲过，可以直接使用 xlwings 模块中的函数打开工作簿并读取其中的数据。

不错，学过的知识还记得挺牢的。不过这里我们要使用 pandas 模块中的 read_excel() 函数来读取工作簿中的数据，这个函数在第 5 章已经详细介绍过。下面一起来看看具体的代码吧。

◎ 实现代码

```
1  import pandas as pd  # 导入pandas模块
2  import matplotlib.pyplot as plt  # 导入Matplotlib模块
3  import xlwings as xw  # 导入xlwings模块
4  df = pd.read_excel('销售业绩表.xlsx')  # 从指定工作簿中读取数据
5  figure = plt.figure()  # 创建一个绘图窗口
```

```
6   plt.rcParams['font.sans-serif'] = ['SimHei']  # 为图表中的中文文本设置默认字体，以避免中文显示乱码的问题
7   plt.rcParams['axes.unicode_minus'] = False  # 解决坐标值为负数时无法正常显示负号的问题
8   x = df['月份']  # 指定“月份”列为x坐标的值
9   y = df['销售额']  # 指定“销售额”列为y坐标的值
10  plt.bar(x, y, color = 'black')  # 制作柱形图
11  app = xw.App(visible = False)  # 启动Excel程序
12  workbook = app.books.open('销售业绩表.xlsx')  # 打开要插入图表的工作簿
13  worksheet = workbook.sheets['销售业绩']  # 选中要插入图表的工作表
14  worksheet.pictures.add(figure, left = 500)  # 在工作表中插入柱形图
15  workbook.save()  # 保存工作簿
16  workbook.close()  # 关闭工作簿
17  app.quit()  # 退出Excel程序
```

◎ 代码解析

第 4 行代码使用 pandas 模块中的 read_excel() 函数读取工作簿中用于制作图表的数据。为能将 Python 中制作的图表写入工作簿，通过第 5 行代码创建一个绘图窗口。

第 6 行和第 7 行代码为图表中的文本设置字体，并解决当坐标值为负数时的显示问题，让制作出的图表能正常显示数据和文本内容。

第 8 行和第 9 行代码用于指定图表的 *x*、*y* 坐标的数据。*x* 坐标的数据来自第 4 行代码所读取数据的“月份”列，*y* 坐标的数据来自第 4 行代码所读取数据的“销售额”列。

第 10 行代码用前面指定的数据制作一个柱形图，并为柱形填充黑色，可根据实际需求更改为其他颜色。

第 11 ～ 17 行代码打开要插入图表的工作簿“销售业绩表.xlsx”，在工作表“销售业绩”中插入前面制作好的柱形图，最后保存并关闭工作簿。其中第 14 行代码中的参数 left 用于设置图表的插入位置。

◎ 知识延伸

第 6 行代码中的 SimHei 是黑体的英文名称，如果想使用其他字体，可参考下面的常用字体名称中英文对照表。

字体中文名称	字体英文名称	字体中文名称	字体英文名称
黑体	SimHei	仿宋	FangSong
微软雅黑	Microsoft YaHei	楷体	KaiTi
宋体	SimSun	细明体	MingLiU
新宋体	NSimSun	新细明体	PMingLiU

举一反三　导入数据制作散点图

◎ 代码文件：导入数据制作散点图.py

◎ 数据文件：销售业绩表.xlsx

如果想要在 Python 中导入工作簿数据并制作散点图，可以将案例 02 代码的第 10 行改为如下代码。

```
1  plt.scatter(x, y, s = 500, color = 'red', marker = '*')  # 制作散点图
```

运行代码，可得到如右图所示的散点图。

scatter() 是 Matplotlib 模块中用于制作散点图的函数，参数 marker 用于设置散点图中每个点的形状，这里设置的 '*' 代表★，可以根据需求更改为其他形状，第 8 章的案例 03 会详细讲解。

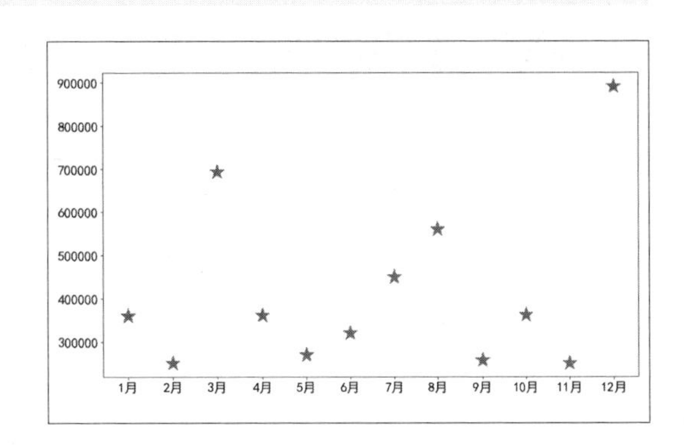

举一反三 导入数据制作面积图

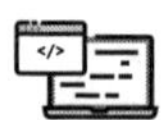

◎ 代码文件：导入数据制作面积图.py

◎ 数据文件：销售业绩表.xlsx

如果想要在 Python 中导入工作簿数据并制作面积图，可以将案例 02 代码的第 10 行改为如下代码。

```
1  plt.stackplot(x, y, colors = 'red')  # 制作面积图
```

运行代码，可得到如右图所示的面积图。

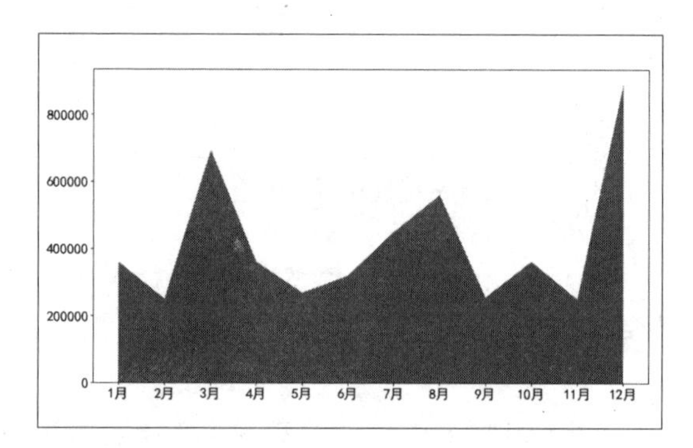

上面代码中的 stackplot() 是 Matplotlib 模块中用于制作面积图的函数。该函数的语法格式和常用参数含义如下。

stackplot(x, y, labels, colors)

参数	说明
x	*x* 坐标的值
y	*y* 坐标的值
labels	图表的图例名
colors	图表的颜色

案例 03　在 Python 中制作组合图表

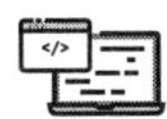

◎ 代码文件：在Python中制作组合图表.py

◎ 数据文件：销售业绩表1.xlsx

◎ 应用场景

王老师，前面讲解的图表呈现的都是单组数据，我想知道如右图所示的组合图表是否也能用 Python 制作呢？

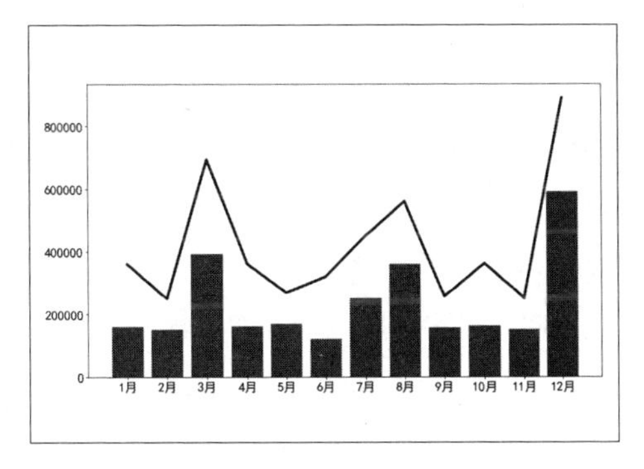

当然可以，只要在输入或读取 *x*、*y* 坐标的数据时，多输入或多读取一组数据即可。下面一起来看看制作组合图的代码吧。

◎ 实现代码

```
1  import pandas as pd  # 导入pandas模块
2  import matplotlib.pyplot as plt  # 导入Matplotlib模块
3  df = pd.read_excel('销售业绩表1.xlsx')  # 从指定工作簿中读取数据
4  plt.rcParams['font.sans-serif'] = ['SimHei']  # 为图表中的中文文本设置默认字体，以避免中文显示乱码的问题
5  plt.rcParams['axes.unicode_minus'] = False  # 解决坐标值为负数时无法正常显示负号的问题
6  x = df['月份']  # 指定数据中的“月份”列为x坐标的值
7  y1 = df['销售额']  # 指定数据中的“销售额”列为y坐标的第1组值
```

```
8   y2 = df['利润']  # 指定数据中的“利润”列为y坐标的第2组值
9   plt.plot(x, y1, color = 'black', linewidth = 4)  # 用x坐标和第1组y
    坐标制作折线图
10  plt.bar(x, y2, color = 'blue')  # 用x坐标和第2组y坐标制作柱形图
11  plt.show()  # 显示绘制的图表
```

◎ 代码解析

第 6 ～ 8 行代码使用第 3 行代码中读取的工作簿数据来设置图表的 *x* 和 *y* 坐标的值。因为要制作的图表为组合图表，即 *y* 轴中要显示两组数据——指定月份的销售额和利润值，所以在第 9 行和第 10 行代码中分别使用 plot() 和 bar() 函数制作折线图和柱形图，这两个图表的 *x* 坐标的值都为变量 x 的值，*y* 坐标的值则分别为变量 y1 和 y2 的值。将两个图表显示在同一个绘图窗口中，即可得到组合图表的效果。

◎ 知识延伸

组合图表的制作和单个图表的制作方法基本相同，区别在于单个图表中的 *x* 和 *y* 坐标的值都只有一组，而组合图表的 *x* 坐标的值可能会被两组 *y* 坐标的值共用，或者 *y* 坐标的值会被两组 *x* 坐标的值共用。在制作组合图表时，我们只需要为图表设置两组 *x* 坐标值或者两组 *y* 坐标值，然后制作两个图表即可。

举一反三 制作双折线图

◎ 代码文件：制作双折线图.py

◎ 数据文件：销售业绩表1.xlsx

如果想要将两条折线图绘制在同一坐标系中，也就是制作双折线图，可以通过以下代码来实现。

```
1  import pandas as pd
2  import matplotlib.pyplot as plt
3  df = pd.read_excel('销售业绩表1.xlsx')
4  plt.rcParams['font.sans-serif'] = ['SimHei']
5  plt.rcParams['axes.unicode_minus'] = False
6  x1 = df['月份']
7  y1 = df['销售额']
8  y2 = df['利润']
9  plt.plot(x1, y1, color = 'red', linewidth = 3, linestyle = 'solid')
10 plt.plot(x1, y2, color = 'black', linewidth = 3, linestyle = 'solid')
11 plt.show()
```

运行以上代码，即可得到如右图所示的双折线图。

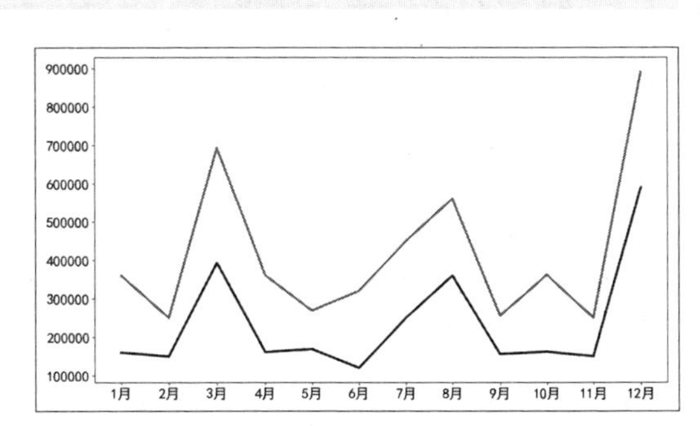

案例 04　添加并设置图表标题和坐标轴标题

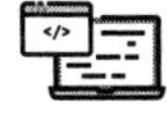

◎ 代码文件：添加并设置图表标题和坐标轴标题.py

◎ 数据文件：销售业绩表.xlsx

◎ 应用场景

王老师，前面的案例中绘制的图表好像还少了点什么，例如，没有说明图表核心思想的图表标题，也没有说明坐标轴含义的坐标轴标题。

老王：是的，图标标题和坐标轴标题是增强图表可读性必不可少的元素。本案例就来制作一个如右图所示的柱形图，并添加图标标题和坐标轴标题，需要用到 Matplotlib 模块中的 title()、xlabel() 和 ylabel() 等函数。

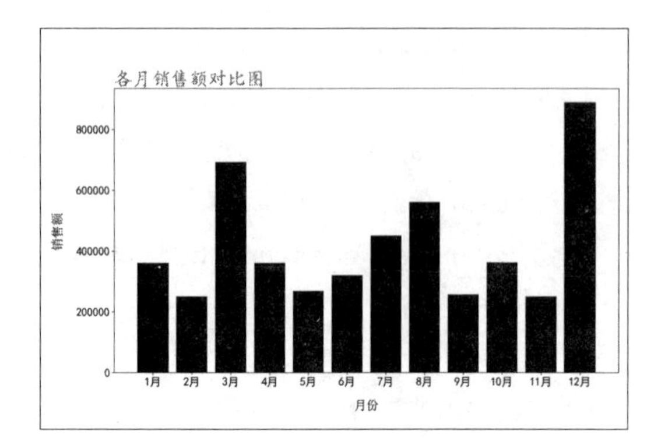

◎ 实现代码

```
1   import pandas as pd  # 导入pandas模块
2   import matplotlib.pyplot as plt  # 导入Matplotlib模块
3   df = pd.read_excel('销售业绩表.xlsx')  # 从指定工作簿中读取数据
4   plt.rcParams['font.sans-serif'] = ['SimHei']  # 为图表中的中文文本设
    置默认字体，以避免中文显示乱码的问题
5   plt.rcParams['axes.unicode_minus'] = False  # 解决坐标值为负数时无法
    正常显示负号的问题
6   x = df['月份']  # 指定数据中的“月份”列为x坐标的值
7   y = df['销售额']  # 指定数据中的“销售额”列为y坐标的值
8   plt.bar(x, y, color = 'black')  # 制作柱形图
9   plt.title(label = '各月销售额对比图', fontdict = {'family' : 'KaiTi',
    'color' : 'red', 'size' : 30}, loc = 'left')  # 添加并设置图表标题
10  plt.xlabel('月份', fontdict = {'family' : 'SimSun', 'color' : 'black',
    'size' : 20}, labelpad = 20)  # 添加并设置x轴标题
11  plt.ylabel('销售额', fontdict = {'family' : 'SimSun', 'color' : 'black',
    'size' : 20}, labelpad = 20)  # 添加并设置y轴标题
12  plt.show()  # 显示绘制的图表
```

◎ 代码解析

第 1 ～ 7 行代码的作用和前面的案例类似，注释中也已经说得很清楚了，这里不再重复。

第 8 行代码用于制作一个柱形图，并设置柱子的填充颜色为黑色，可根据实际需求更改为其他颜色。

第 9 ～ 11 行代码为图表添加了图表标题和 *x*、*y* 轴标题，并设置其字体、字号、颜色和位置，可根据实际需求更改这些设置。

◎ 知识延伸

❶ 第 9 行代码中的 title() 是 Matplotlib 模块中的函数，用于给图表添加和设置标题。该函数的语法和常用参数含义如下。

title(label, fontdict=None, loc='center', pad=None)

参数	说明
label	图表标题的文本内容
fontdict	图表标题的字体、字号和颜色等
loc	图表标题的显示位置。默认值为 'center'，表示在图表上方居中显示。还可以设置为 'left' 或 'right'，表示在图表上方靠左或靠右显示
pad	图表标题到图表坐标系顶端的距离

❷ 第 10 行和第 11 行代码中的 xlabel() 和 ylabel() 是 Matplotlib 模块中的函数，分别用于添加和设置 *x*、*y* 轴的标题。这两个函数的语法和常用参数含义如下。

xlabel/ylabel(label, fontdict=None, labelpad=None)

参数	说明
label	坐标轴标题的文本内容
fontdict	坐标轴标题的字体、字号和颜色等
labelpad	坐标轴标题到坐标轴的距离

举一反三 添加图例

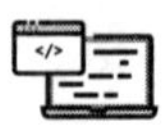

◎ 代码文件：添加图例.py
◎ 数据文件：销售业绩表.xlsx

要为图表添加和设置图例，需要使用 legend() 函数，具体代码如下。

```
1  import pandas as pd
2  import matplotlib.pyplot as plt
3  df = pd.read_excel('销售业绩表.xlsx')
4  plt.rcParams['font.sans-serif'] = ['SimHei']
5  plt.rcParams['axes.unicode_minus'] = False
6  x = df['月份']
7  y = df['销售额']
8  plt.bar(x, y, label = '销售额')  # 制作柱形图并设置图例名
9  plt.legend(loc = 'upper left', fontsize = 20)  # 添加并设置图例
10 plt.show()
```

运行以上代码，即可看到图例显示在图表的左上角，如右图所示。

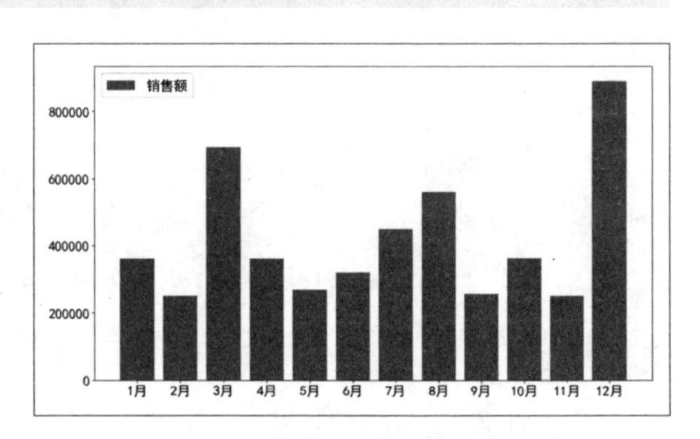

第 9 行代码中的 legend() 是 Matplotlib 模块中的函数，用于为图表添加并设置图例。需要注意的是，应先在第 8 行代码的 bar() 函数中设置图例名，再在第 9 行代码中设置图例的格式，才能在图表中显示正确的图例效果。legend() 函数的语法格式和常用参数含义如下。

legend(loc, fontsize, facecolor, edgecolor, shadow=False)

参数	说明
loc	图例的显示位置。取值为特定的字符串，常用的有 'upper left'、'upper right'、'lower left'、'lower right'，分别表示左上角、右上角、左下角、右下角
fontsize	图例名的字号
facecolor	图例框的背景颜色
edgecolor	图例框的边框颜色
shadow	是否给图例框添加阴影，默认值为 False，表示不添加阴影

案例 05　添加并设置数据标签

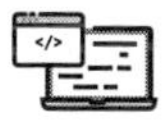

◎ 代码文件：添加并设置数据标签.py

◎ 数据文件：销售业绩表.xlsx

◎ 应用场景

小新：王老师，右图中图表的数据标签也是很常用的图表元素，在 Python 中又要如何添加呢？

老王：要在 Python 中为图表添加数据标签，需要用到 Matplotlib 模块中的 text() 函数。下面一起来看看相应的代码吧。

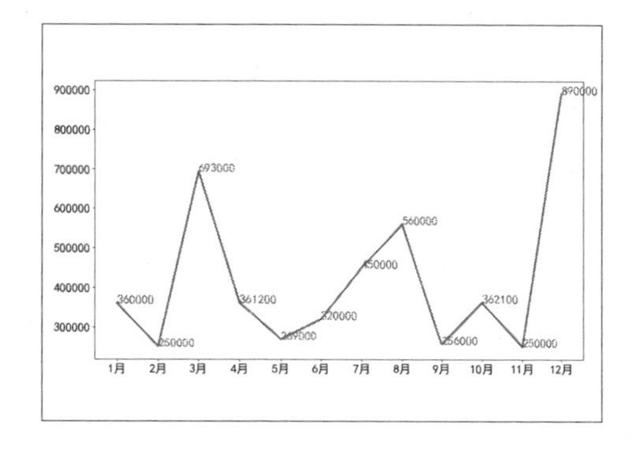

◎ 实现代码

```
1   import pandas as pd  # 导入pandas模块
2   import matplotlib.pyplot as plt  # 导入Matplotlib模块
3   df = pd.read_excel('销售业绩表.xlsx')  # 从指定工作簿中读取数据
4   plt.rcParams['font.sans-serif'] = ['SimHei']  # 为图表中的中文文本设
    置默认字体，以避免中文显示乱码的问题
5   plt.rcParams['axes.unicode_minus'] = False  # 解决坐标值为负数时无法
    正常显示负号的问题
6   x = df['月份']  # 指定数据中的“月份”列为x坐标的值
7   y = df['销售额']  # 指定数据中的“销售额”列为y坐标的值
8   plt.plot(x, y, color = 'red', linewidth = 3, linestyle = 'solid')  # 制
    作折线图
9   for a,b in zip(x, y):
10      plt.text(a, b, b, fontdict = {'family' : 'KaiTi', 'color' : 'red',
        'size': 20})  # 添加并设置数据标签
11  plt.show()  # 显示绘制的图表
```

◎ 代码解析

第 1 ～ 7 行代码的作用和前面的案例类似，注释中也已经说得很清楚了，这里不再重复。

第 8 行代码使用 plot() 函数制作一个折线图，并对折线图的颜色、线条粗细和线型进行设置，可根据实际需求更改这些设置。

第 10 行代码使用 text() 函数为折线图添加数据标签，因为这个函数只是为折线图上的某一个数据点添加数据标签，所以还需要配合使用第 9 行代码中的 for 语句为整个折线图的所有数据点添加数据标签。

◎ 知识延伸

❶ 第 9 行代码中的 zip() 是 Python 的内置函数，它以可迭代的对象作为参数，将对象中对应的元素打包成一个元组，然后返回由这些元组组成的列表。该函数的语法格式和常用参数含义如下。

❷ 第 10 行代码中的 text() 是 Matplotlib 模块中的函数，用于为图表添加并设置数据标签。该函数的语法格式和常用参数含义如下。

text(x, y, s, fontdict=None)

参数	说明
x	数据标签的 *x* 坐标
y	数据标签的 *y* 坐标
s	数据标签的文本内容
fontdict	可选参数，用于设置数据标签的字体、字号、颜色等

举一反三　设置 *y* 轴的取值范围

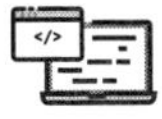

◎ 代码文件：设置y轴的取值范围.py
◎ 数据文件：销售业绩表.xlsx

如果想要改变图表中 *y* 轴的取值范围，可以通过以下代码实现。

```
1  import pandas as pd
2  import matplotlib.pyplot as plt
3  df = pd.read_excel('销售业绩表.xlsx')
```

```
4   plt.rcParams['font.sans-serif'] = ['SimHei']
5   plt.rcParams['axes.unicode_minus'] = False
6   x = df['月份']
7   y = df['销售额']
8   plt.plot(x, y, color = 'red', linewidth = 3, linestyle = 'solid')
9   plt.ylim(0, 1200000)  # 设置y轴的取值范围
10  for a,b in zip(x, y):
11      plt.text(a, b, b, fontdict = {'family' : 'KaiTi', 'color' : 'red',
        'size': 20})
12  plt.show()
```

运行以上代码，即可得到改变了 *y* 轴取值范围的图表，如下图所示。

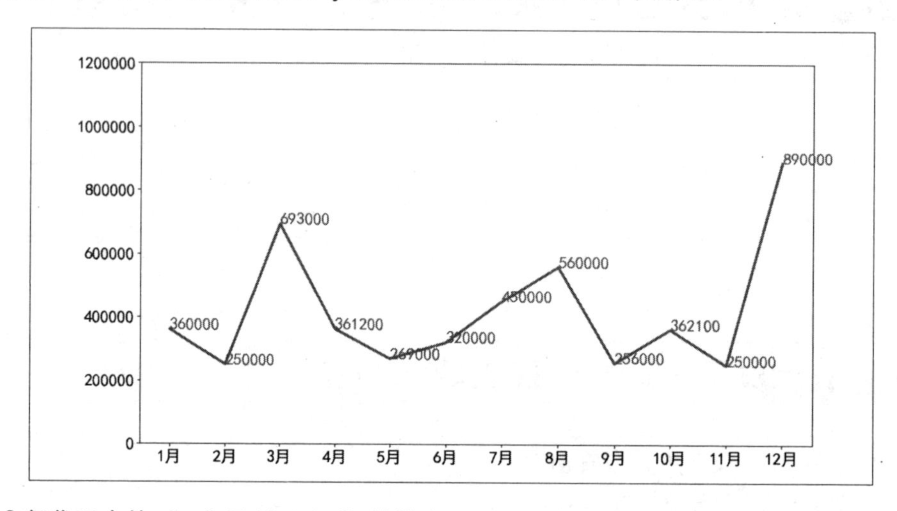

第 9 行代码中的 ylim() 是 Matplotlib 模块中用于为图表设置 *y* 轴取值范围的函数。该函数的语法格式和常用参数含义如下。

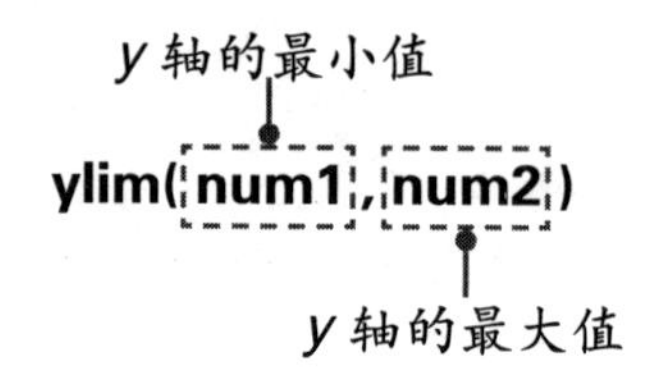

案例 06　为组合图表添加并设置次坐标轴

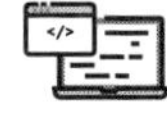

◎ 代码文件：为组合图表添加并设置次坐标轴.py

◎ 数据文件：销售业绩表2.xlsx

◎ 应用场景

王老师，在学习完组合图表的制作后，我尝试用 Python 为下左图中的数据制作柱形图和折线图的组合图表，结果如下右图所示，我自己感觉效果并不理想。因为“销售额”和“同比增长”这两列数据的取值范围相差太大了，所以绘制出的组合图表中，代表同比增长的折线图近乎一条直线，对分析数据完全没有帮助。

	A	B	C
1	月份	销售额	同比增长
2	1月	¥360,000	10%
3	2月	¥250,000	8%
4	3月	¥693,000	50%
5	4月	¥361,200	20%
6	5月	¥269,000	15%
7	6月	¥320,000	11%
8	7月	¥450,000	26%
9	8月	¥560,000	13%
10	9月	¥256,000	4%
11	10月	¥362,100	5%
12	11月	¥250,000	7%
13	12月	¥890,000	60%

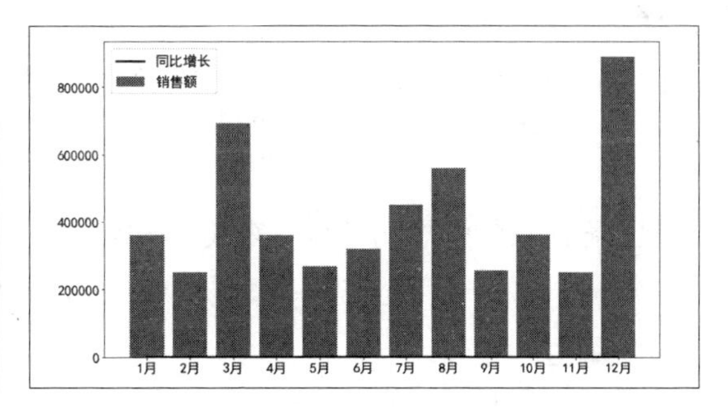

老王

这个问题也好解决，为组合图表设置双坐标轴就可以了。如右图所示为使用 Matplotlib 模块中的 twinx() 函数制作的双坐标轴组合图表的效果，下面一起来看看相应的代码吧。

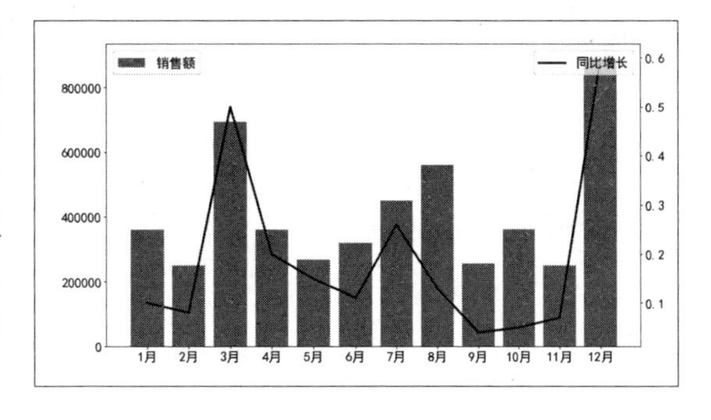

◎ 实现代码

```
1   import pandas as pd  # 导入pandas模块
2   import matplotlib.pyplot as plt  # 导入Matplotlib模块
3   df = pd.read_excel('销售业绩表2.xlsx')  # 从指定工作簿中读取数据
4   plt.rcParams['font.sans-serif'] = ['SimHei']  # 为图表中的中文文本设
    置默认字体，以避免中文显示乱码的问题
5   plt.rcParams['axes.unicode_minus'] = False  # 解决坐标值为负数时无法
    正常显示负号的问题
6   x = df['月份']  # 指定数据中的“月份”列为x坐标的值
7   y1 = df['销售额']  # 指定数据中的“销售额”列为y坐标的第1组值
8   y2 = df['同比增长']  # 指定数据中的“同比增长”列为y坐标的第2组值
9   plt.bar(x, y1, color = 'grey', label = '销售额')  # 制作柱形图
10  plt.legend(loc = 'upper left', fontsize = 20)  # 为柱形图添加和设置
    图例
11  plt.twinx()  # 为图表设置双坐标轴
12  plt.plot(x, y2, color = 'black', linewidth = 3, label = '同比增长')  # 制
    作折线图
13  plt.legend(loc = 'upper right', fontsize = 20)  # 为折线图添加和设置
    图例
14  plt.show()  # 显示绘制的图表
```

◎ 代码解析

第 1 ～ 5 行代码的作用和前面的案例类似，注释中也已经说得很清楚了，这里不再重复。

第 6 ～ 8 行代码用于指定制作图表的 x、y 坐标数据，因为制作的是组合图表，所以 y 坐标的数据有两组，即 y1 和 y2。

第 9 行代码用于制作一个柱形图，并设置其填充颜色和图例名；第 12 行代码用于制作一个折线图，并设置其折线颜色、折线粗细和图例名。

第 10 行和第 13 行代码分别用于为制作的柱形图和折线图添加图例。

第 11 行代码用于设置双坐标轴，将第 12 行代码制作的折线图的 *y* 坐标数据添加到次坐标轴上，最终得到一个双 *y* 轴的组合图表。

◎ 知识延伸

第 11 行代码中的 twinx() 是 Matplotlib 模块中的函数，用于为图表设置双坐标轴。该函数没有参数，可直接调用。

举一反三　添加并设置网格线

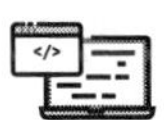

◎　代码文件：添加并设置网格线.py

◎　数据文件：销售业绩表.xlsx

在 Python 中制作的图表默认是不显示网格线的，如果需要为图表添加网格线，并设置网格线的颜色、粗细和线型等，可以通过如下代码来实现。

```
1  import pandas as pd
2  import matplotlib.pyplot as plt
3  df = pd.read_excel('销售业绩表.xlsx')
4  plt.rcParams['font.sans-serif'] = ['SimHei']
5  plt.rcParams['axes.unicode_minus'] = False
6  x = df['月份']
7  y = df['销售额']
8  plt.plot(x, y, color = 'black', linewidth = 3, linestyle = 'solid')
9  plt.grid(b = True, axis = 'y', color = 'red', linestyle = 'dashed',
   linewidth = 1)  # 为y轴添加并设置网格线
10 plt.show()
```

运行以上代码，即可得到带有 *y* 轴网格线的图表，如右图所示。

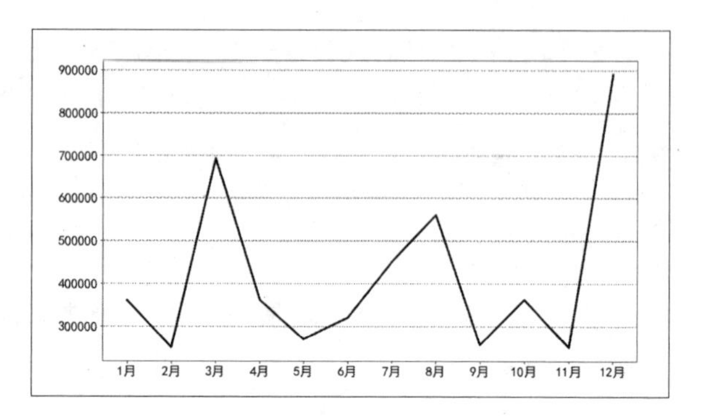

第 9 行代码中的 grid() 是 Matplotlib 模块中的函数，用于为图表添加并设置网格线。该函数的语法格式和常用参数含义如下。

grid(b, which, axis, color, linestyle, linewidth)

参数	说明
b	如果为 True，表示显示网格线；如果为 False，表示不显示网格线
which	要设置哪种类型的网格线。取值为 'major'、'minor'、'both'，分别表示只设置主要网格线、只设置次要网格线、两者都设置
axis	要设置哪个轴的网格线。取值为 'x'、'y'、'both'，分别表示只设置 *x* 轴的网格线、只设置 *y* 轴的网格线、两者都设置
color	网格线的颜色
linestyle	网格线的线型
linewidth	网格线的粗细

第 8 章

使用 Python 制作常用图表

不同类型的图表有不同的功能，例如，柱形图主要用于对比数据，折线图主要用于展示数据变化的趋势，散点图主要用于判断数据的相关性，等等。第 7 章只介绍了用 Python 制作图表并设置图表元素的基本方法，本章则将通过更有针对性的案例讲解用 Python 制作柱形图、折线图、散点图等常用图表的方法。

案例 01 制作柱形图展示数据的对比关系

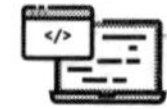

◎ 代码文件：制作柱形图展示数据的对比关系.py
◎ 数据文件：员工销售业绩统计表.xlsx

◎ 应用场景

王老师，前面的案例在制作图表时要结合使用好几个模块，有时感觉有点复杂。所以我有一个大胆的想法：既然 xlwings 模块是处理工作簿的“全能型选手”，那么它是不是也能制作图表呢？

这次你还真问到点子上了，xlwings 模块的确提供了制作图表的功能。下面就用 xlwings 模块制作一个柱形图吧。

◎ 实现代码

```
1  import xlwings as xw  # 导入xlwings模块
2  app = xw.App(visible = True, add_book = False)  # 启动Excel程序
3  workbook = app.books.open('员工销售业绩统计表.xlsx')  # 打开要制作图
   表的工作簿
4  for i in workbook.sheets:  # 遍历工作簿中的工作表
5      chart = i.charts.add(left = 200, top = 0, width = 355, height
       = 211)  # 设置图表的位置和尺寸
6      chart.set_source_data(i['A1'].expand())  # 读取工作表中要制作图
       表的数据
7      chart.chart_type = 'column_clustered'  # 制作柱形图
8  workbook.save('柱形图.xlsx')  # 另存工作簿
9  workbook.close()  # 关闭工作簿
10 app.quit()  # 退出Excel程序
```

◎ 代码解析

第 4 ～ 7 行代码为工作簿中的所有工作表制作图表。其中第 7 行代码的 'column_clustered' 表示要制作的图表类型为柱形图，可以根据实际需求更改为其他类型的图表。

运行上述代码后，打开生成的工作簿“柱形图.xlsx”，在每个工作表中都能看到插入了类似下图所示的图表，并且该图表是可以在 Excel 中编辑的。

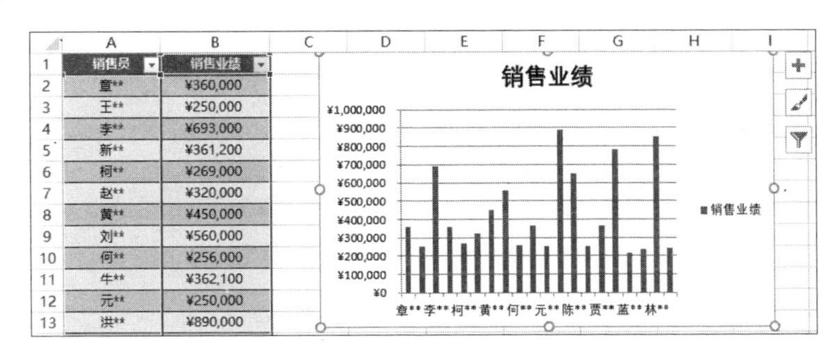

	A	B
1	销售员	销售业绩
2	章**	¥360,000
3	王**	¥250,000
4	李**	¥693,000
5	新**	¥361,200
6	柯**	¥269,000
7	赵**	¥320,000
8	黄**	¥450,000
9	刘**	¥560,000
10	何**	¥256,000
11	牛**	¥362,100
12	元**	¥250,000
13	洪**	¥890,000

◎ 知识延伸

第 7 行代码中用特定含义的字符串来指定图表类型，常用图表类型对应的字符串见下表。

图表类型	字符串	图表类型	字符串
柱形图	'column_clustered'	饼图	'pie'
条形图	'bar_clustered'	圆环图	'doughnut'
折线图	'line'	散点图	'xy_scatter'
面积图	'area'	雷达图	'radar'

举一反三　批量制作条形图

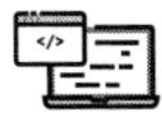

◎ 代码文件：批量制作条形图.py

◎ 数据文件：员工销售业绩统计表.xlsx

如果想要为工作簿中的所有工作表制作条形图，可以通过以下代码来实现。

```
1  import xlwings as xw
2  app = xw.App(visible = True, add_book = False)
3  workbook = app.books.open('员工销售业绩统计表.xlsx')
4  for i in workbook.sheets:
5      chart = i.charts.add(left = 200, top = 0, width = 355, height
       = 211)
6      chart.set_source_data(i['A1'].expand('table'))
7      chart.chart_type = 'bar_clustered'  # 制作条形图
8  workbook.save('条形图.xlsx')
9  workbook.close()
10 app.quit()
```

案例 02　制作折线图展示数据变化趋势

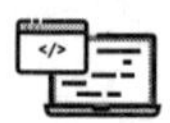

◎ 代码文件：制作折线图展示数据变化趋势.py

◎ 数据文件：月销售表.xlsx

◎ 应用场景

虽然 xlwings 模块也能制作图表，但要像右图那样添加标题和数据标签，就不如 Matplotlib 模块方便了。

用 Matplotlib 模块为图表添加标题和数据标签的方法我已经掌握了。但您是怎么让图表不显示坐标轴的呢？

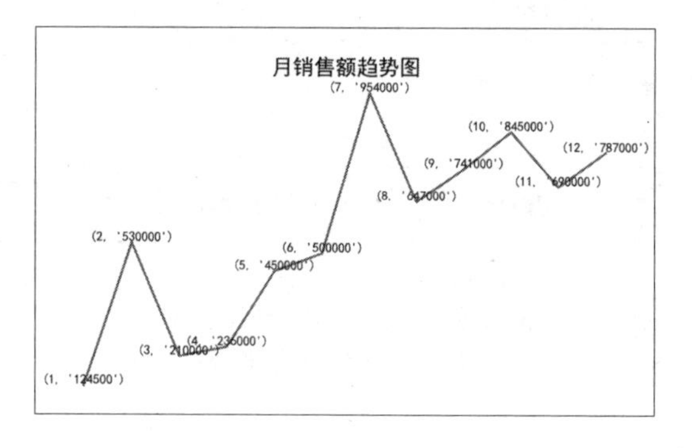

这要用到 Matplotlib 模块中的 axis() 函数，它能设置坐标轴的属性，常见的用途之一就是显示或隐藏坐标轴。具体代码如下。

◎ 实现代码

```
1   import pandas as pd  # 导入pandas模块
2   import matplotlib.pyplot as plt  # 导入Matplotlib模块
3   import xlwings as xw  # 导入xlwings模块
4   df = pd.read_excel('月销售表.xlsx')  # 从指定工作簿中读取数据
5   figure = plt.figure()  # 创建一个绘图窗口
6   plt.rcParams['font.sans-serif']=['SimHei']  # 为图表中的中文文本设置
    默认字体，以避免中文显示乱码的问题
7   plt.rcParams['axes.unicode_minus'] = False  # 解决坐标值为负数时无法
    正常显示负号的问题
8   x = df['月份']  # 指定数据中的“月份”列为x坐标的值
9   y = df['销售额']  # 指定数据中的“销售额”列为y坐标的值
10  plt.plot(x, y, color = 'red', linewidth = 3, linestyle = 'solid')  # 制
    作折线图
11  plt.title(label = '月销售额趋势图', fontdict = {'color' : 'black',
    'size' : 30}, loc = 'center')  # 添加并设置图表标题
12  for a,b in zip(x,y):  # 遍历折线图的每一个数据点
13      plt.text(a, b + 0.2, (a, '%.0f' % b), ha = 'center', va =
        'bottom', fontsize = 10)  # 添加并设置数据标签
14  plt.axis('off')  # 隐藏坐标轴
15  app = xw.App(visible = False)  # 启动Excel程序
16  workbook = app.books.open('月销售表.xlsx')  # 打开要插入图表的工作簿
17  worksheet = workbook.sheets['Sheet1']  # 选中工作表“Sheet1”
18  worksheet.pictures.add(figure, name = '图片1', update = True, left
    = 200)  # 在工作表中插入制作的折线图
```

```
19  workbook.save('折线图.xlsx')  # 另存工作簿
20  workbook.close()  # 关闭工作簿
21  app.quit()  # 退出Excel程序
```

◎ 代码解析

第 8 行和第 9 行代码用于指定制作折线图的 *x*、*y* 坐标的数据，然后在第 10 行代码根据这些数据使用 plot() 函数制作折线图，并设置折线的颜色、粗细、线型等格式，可根据实际需求更改这些设置。第 11 ～ 14 行代码为图表添加并设置各种图表元素，包括添加和设置图表标题、数据标签，隐藏坐标轴等。

◎ 知识延伸

第 14 行代码中的 axis() 函数的参数值为 'off' 时表示不显示图表坐标轴，为 'on' 时表示显示图表坐标轴。

举一反三　制作折线图并为最高点添加数据标签

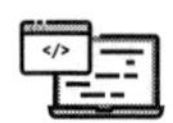

◎ 代码文件：制作折线图并为最高点添加数据标签.py

◎ 数据文件：月销售表.xlsx

在前面制作的折线图中，为每个数据点都添加了数据标签来展示各月的销售额，如果只想展示最高销售额的值，可以通过以下代码为最高点添加数据标签。

```
1  import pandas as pd
2  import matplotlib.pyplot as plt
3  import xlwings as xw
4  df = pd.read_excel('月销售表.xlsx')
5  figure = plt.figure()
```

```
6   plt.rcParams['font.sans-serif']=['SimHei']
7   plt.rcParams['axes.unicode_minus'] = False
8   x = df['月份']
9   y = df['销售额']
10  plt.plot(x, y, color = 'red', linewidth = 3, linestyle = 'solid')
11  plt.title(label = '月销售额趋势图', fontdict = {'color' : 'black',
    'size' : 30}, loc = 'center')
12  max1 = df['销售额'].max()  # 获取最高销售额
13  df_max = df[df['销售额'] == max1]  # 选取最高销售额对应的行数据
14  for a,b in zip(df_max['月份'], df_max['销售额']):
15      plt.text(a, b + 0.05, (a, '%.0f' % b), ha = 'center', va =
        'bottom', fontsize = 10)  # 为最高点添加数据标签
16  plt.axis('off')
17  app = xw.App(visible = False)
18  workbook = app.books.open('月销售表.xlsx')
19  worksheet = workbook.sheets['Sheet1']
20  worksheet.pictures.add(figure, name = '图片1', update = True, left
    = 200)
21  workbook.save('显示最高点数据标签的折线图.xlsx')
22  workbook.close()
23  app.quit()
```

运行以上代码，即可得到如右图所示的折线图。

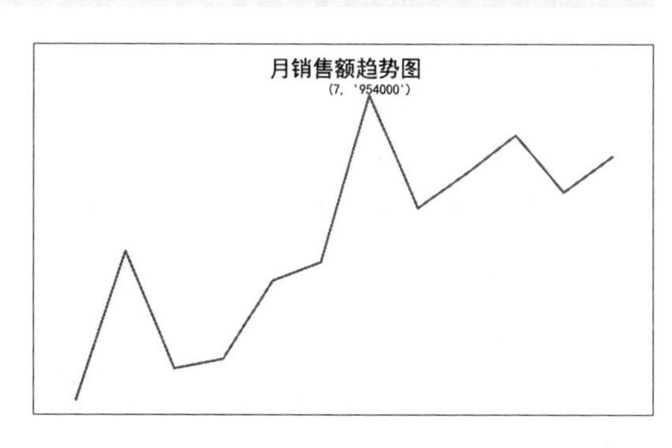

举一反三 制作平滑折线图

◎ 代码文件：制作平滑折线图.py
◎ 数据文件：月销售表.xlsx

如果想要制作平滑的折线图，可以通过以下代码来实现。

```
1  import pandas as pd
2  import matplotlib.pyplot as plt
3  import numpy as np
4  from scipy import interpolate
5  import xlwings as xw
6  df = pd.read_excel('月销售表.xlsx')
7  figure = plt.figure()
8  plt.rcParams['font.sans-serif'] = ['SimHei']
9  plt.rcParams['axes.unicode_minus'] = False
10 x = df['月份']
11 y = df['销售额']
12 xnew = np.arange(1, 12, 0.1)
13 func = interpolate.interp1d(x, y, kind = 'cubic')
14 ynew = func(xnew)
15 plt.plot(xnew, ynew, color = 'red', linewidth = 3, linestyle =
   'solid')  # 制作平滑折线图
16 plt.title(label = '月销售额趋势图', fontdict = {'color' : 'black',
   'size' : 30}, loc = 'center')
17 plt.xlabel('月份', fontdict = {'family' : 'SimSun', 'color' :
   'black', 'size' : 20}, labelpad = 20)
18 plt.ylabel('销售额', fontdict = {'family' : 'SimSun', 'color' :
   'black', 'size' : 20}, labelpad = 20)
```

```
19  plt.xlim(0, 12)  # 设置图表x轴的取值范围
20  app = xw.App(visible = False)
21  workbook = app.books.open('月销售表.xlsx')
22  worksheet = workbook.sheets['Sheet1']
23  worksheet.pictures.add(figure, name = '图片1', update = True, left
    = 200)
24  workbook.save('平滑折线图.xlsx')
25  workbook.close()
26  app.quit()
```

运行以上代码，即可得到如右图所示的平滑折线图。

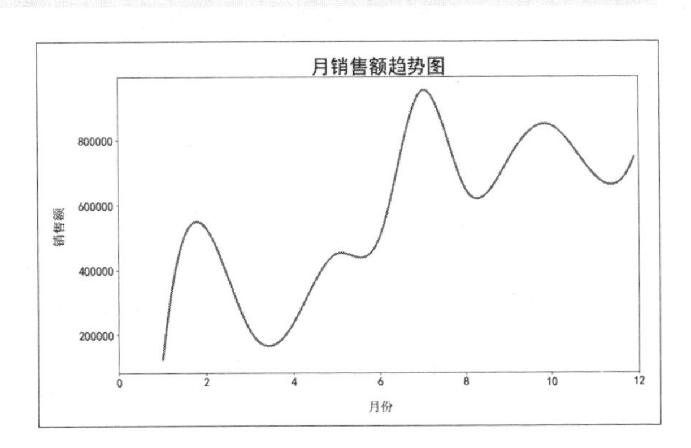

第 12 行代码中的 arange() 是 NumPy 模块中的函数，用于创建等差数组。该函数的语法格式和常用参数含义如下。

arange(start, stop, step)

参数	说明
start	起始值。可选参数，默认从 0 开始
stop	结束值。生成的数组不包含结束值
step	步长。可选参数，默认步长为 1，如果指定了 step，还必须给出 start

案例 03　制作散点图判断两组数据的相关性

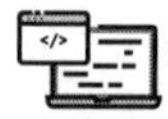

◎ 代码文件：制作散点图判断两组数据的相关性.py
◎ 数据文件：汽车速度和刹车距离表.xlsx

◎ 应用场景

老王：为了直观地呈现各个变量之间的相关性，我们可以使用变量数据制作散点图。右图所示为汽车速度与刹车距离的关系图，通过观察图中点的分布情况，我们可以发现汽车速度和刹车距离大致是呈正相关的。

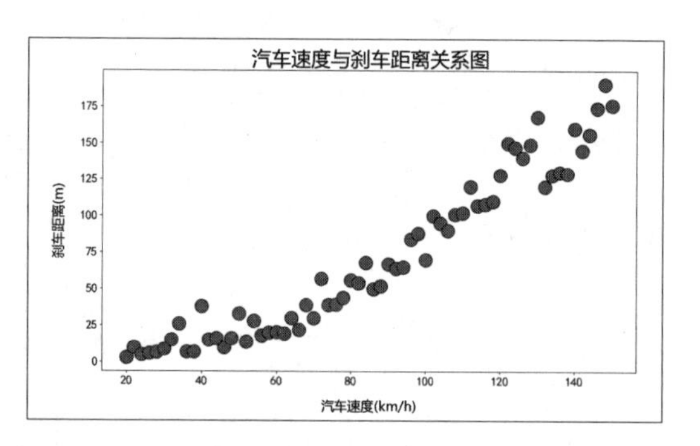

小新：散点图在 Python 中的制作方法很简单，使用 Matplotlib 模块中的 scatter() 函数即可，在上一章中您曾讲解过。

老王：不错，但你是否知道 scatter() 函数除了可以制作散点图，还可以制作气泡图呢？而且利用 sklearn 模块，我们还可以在制作的散点图中添加线性趋势线。下面就来学习具体的代码吧。

◎ 实现代码

```
1  import pandas as pd  # 导入pandas模块
2  import matplotlib.pyplot as plt  # 导入Matplotlib模块
3  import xlwings as xw  # 导入xlwings模块
4  df = pd.read_excel('汽车速度和刹车距离表.xlsx')  # 从指定工作簿中读取
   数据
5  figure = plt.figure()  # 创建一个绘图窗口
```

```
6   plt.rcParams['font.sans-serif'] = ['SimHei']  # 为图表中的中文文本设
    置默认字体，以避免中文显示乱码的问题
7   plt.rcParams['axes.unicode_minus'] = False  # 解决坐标值为负数时无法
    正常显示负号的问题
8   x = df['汽车速度（km/h）']  # 指定数据中的“汽车速度（km/h）”列为x坐标
    的值
9   y = df['刹车距离（m）']  # 指定数据中的“刹车距离（m）”列为y坐标的值
10  plt.scatter(x, y, s = 400, color = 'red', marker = 'o', edgecolor
    = 'black')  # 制作散点图
11  plt.xlabel('汽车速度(km/h)', fontdict = {'family' : 'Microsoft YaHei',
    'color' : 'black', 'size' : 20}, labelpad = 20)  # 添加并设置x轴标题
12  plt.ylabel('刹车距离(m)', fontdict = {'family' : 'Microsoft YaHei',
    'color' : 'black', 'size' : 20}, labelpad = 20)  # 添加并设置y轴标题
13  plt.title('汽车速度与刹车距离关系图', fontdict = {'family' : 'Micro-
    soft YaHei', 'color' : 'black', 'size' : 30}, loc = 'center')  # 添
    加并设置图表标题
14  app = xw.App(visible = False)  # 启动Excel程序
15  workbook = app.books.open('汽车速度和刹车距离表.xlsx')  # 打开要插入
    图表的工作簿
16  worksheet = workbook.sheets[0]  # 选中第1个工作表
17  worksheet.pictures.add(figure, name = '图片1', update = True, left
    = 200)  # 在工作表中插入制作的散点图
18  workbook.save('散点图.xlsx')  # 另存工作簿
19  workbook.close()  # 关闭工作簿
20  app.quit()  # 退出Excel程序
```

◎ 代码解析

第 8 行和第 9 行代码在读取的数据中指定 *x*、*y* 坐标的值，第 10 行代码使用指定的数据制

作散点图，并设置散点图中点的面积、填充颜色、形状和边框颜色等格式，可根据实际需求更改这些设置。

第 11 ～ 13 行代码用于为散点图添加并设置坐标轴标题和图表标题。第 14 ～ 20 行代码将制作好的散点图插入工作簿中，然后保存并关闭工作簿。

◎ 知识延伸

第 10 行代码中的 scatter() 是 Matplotlib 模块中的函数，用于制作散点图。这个函数在第 7 章的案例 02 中曾使用过，这里再详细介绍一下它的语法格式和常用参数含义。

scatter(x, y, s, color, marker, linewidth, edgecolor)

参数	说明
x	*x* 坐标的值
y	*y* 坐标的值
s	每个点的面积。如果该参数只有一个值或者省略该参数，表示所有点的大小都一样；如果该参数有多个值，则表示每个点的大小都不一样，此时散点图就变成了气泡图
color	每个点的填充颜色。既可以为所有点填充同一种颜色，也可以为不同的点填充不同的颜色
marker	每个点的形状。这里列举一些常用的参数：'.' 代表 •，'o' 代表●，'s' 代表■，'D' 代表◆，'^' 代表▲，'x' 代表 ×，'+' 代表＋，'*' 代表★
linewidth	每个点的边框粗细
edgecolor	每个点的边框颜色

举一反三 为散点图添加线性趋势线

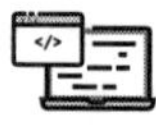

◎ 代码文件：为散点图添加线性趋势线.py

◎ 数据文件：汽车速度和刹车距离表.xlsx

如果想要根据观测值来预测结果，可以为散点图添加一条线性趋势线。具体代码如下。

```
1   import pandas as pd
2   import matplotlib.pyplot as plt
3   import xlwings as xw
4   from sklearn import linear_model
5   df = pd.read_excel('汽车速度和刹车距离表.xlsx')
6   figure = plt.figure()
7   plt.rcParams['font.sans-serif'] = ['SimHei']
8   plt.rcParams['axes.unicode_minus'] = False
9   x = df['汽车速度（km/h）']
10  y = df['刹车距离（m）']
11  plt.scatter(x, y, s = 400, color = 'red', marker = 'o', edgecolor
    = 'black')
12  plt.xlabel('汽车速度(km/h)', fontdict = {'family' : 'Microsoft YaHei',
    'color' : 'black', 'size' : 20}, labelpad = 20)
13  plt.ylabel('刹车距离(m)', fontdict = {'family' : 'Microsoft YaHei',
    'color' : 'black', 'size' : 20}, labelpad = 20)
14  plt.title('汽车速度与刹车距离关系图', fontdict = {'family' : 'Micro-
    soft YaHei', 'color' : 'black', 'size' : 30}, loc = 'center')
15  model = linear_model.LinearRegression().fit(x.values.reshape
    (-1,1), y)
16  pred = model.predict(x.values.reshape(-1,1))
17  plt.plot(x, pred, color = 'black', linewidth = 3, linestyle =
    'solid', label = '线性趋势线')  # 绘制线性趋势线
18  plt.legend(loc = 'upper left')
19  app = xw.App(visible = False)
20  workbook = app.books.open('汽车速度和刹车距离表.xlsx')
21  worksheet = workbook.sheets['表1']
```

```
22  worksheet.pictures.add(figure, name = '图片1', update = True, left
    = 200)
23  workbook.save('为散点图添加线性趋势线.xlsx')
24  workbook.close()
25  app.quit()
```

运行以上代码，即可得到添加了线性趋势线的散点图，如右图所示。

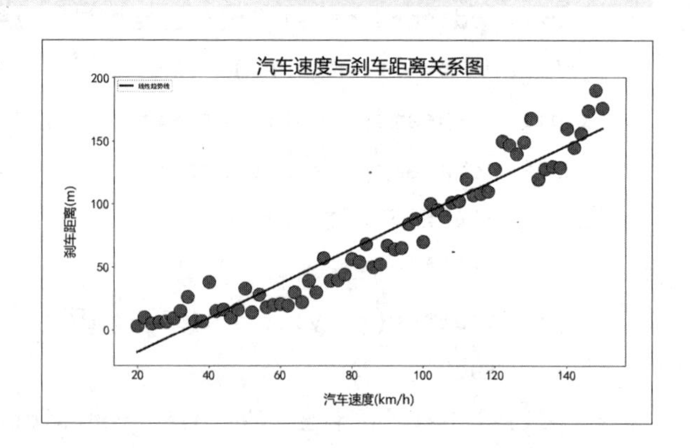

举一反三 制作气泡图

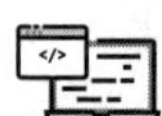

◎ 代码文件：制作气泡图.py

◎ 数据文件：气泡图.xlsx

如果想要在 Python 中制作气泡图，也可以用 scatter() 函数来实现，具体代码如下。

```
1  import pandas as pd
2  import matplotlib.pyplot as plt
3  import xlwings as xw
4  df = pd.read_excel('气泡图.xlsx')
5  figure = plt.figure()
6  plt.rcParams['font.sans-serif'] = ['SimHei']
```

```
7   plt.rcParams['axes.unicode_minus'] = False
8   x = df['销售量']
9   y = df['利润（万）']
10  z = df['产品名称']
11  plt.scatter(x, y, s = y * 100, color = 'red', marker = 'o')  # 制作气
    泡图
12  plt.xlabel('销售量', fontdict = {'family' : 'Microsoft YaHei',
    'color' : 'black', 'size' : 20}, labelpad = 20)
13  plt.ylabel('利润（万）', fontdict = {'family' : 'Microsoft YaHei',
    'color' : 'black', 'size' : 20}, labelpad = 20)
14  plt.title('销售量与利润关系图', fontdict = {'family' : 'Microsoft
    YaHei', 'color' : 'black', 'size' : 30}, loc = 'center')
15  for a, b, c in zip(x, y, z):
16      plt.text(a, b, c, ha = 'center', va = 'center', fontsize = 30,
        color = 'white')
17  plt.xlim(0, 800)
18  plt.ylim(0, 120)
19  app = xw.App(visible = False)
20  workbook = app.books.open('气泡图.xlsx')
21  worksheet = workbook.sheets[0]
22  worksheet.pictures.add(figure, name = '图片1', update = True, left
    = 200)
23  workbook.save('气泡图1.xlsx')
24  workbook.close()
25  app.quit()
```

运行以上代码，即可得到如右图所示的气泡图。

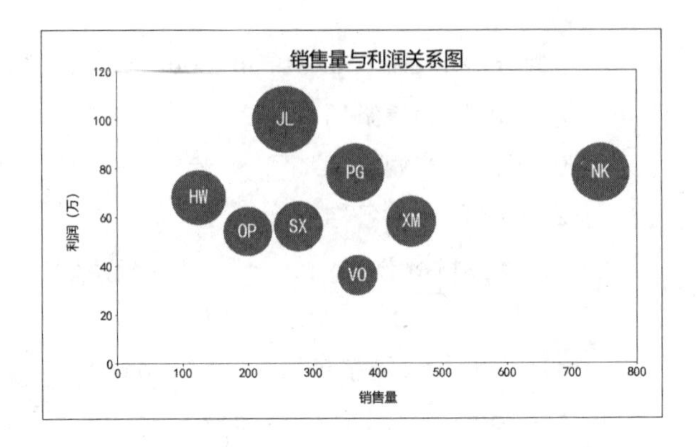

案例 04　制作饼图展示部分和总体的比例关系

◎ 代码文件：制作饼图展示部分和总体的比例关系.py

◎ 数据文件：饼图.xlsx

◎ 应用场景

饼图常用于展示同一级别中不同类别的占比情况。在 Python 中，使用 Matplotlib 模块中的 pie() 函数可以制作饼图。下图所示就是使用 pie() 函数制作的不同产品的销售额占比图，通过该图表能够查看各个产品的销售额百分比。

我知道这种分离式饼图用 Excel 来制作并不难，制作好常规饼图后，用鼠标将某一个饼图块选中，然后向外拖出即可。在 Python 中实现起来会不会很复杂呢？

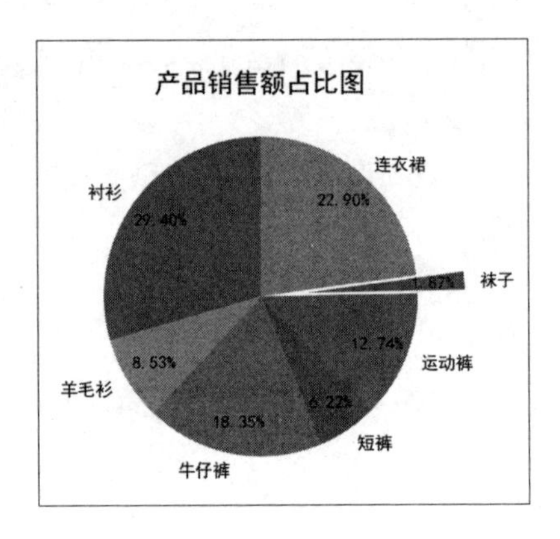

当然不会，使用 pie() 函数绘制饼图时设置一下参数 explode 的值就可以啦。下面来看看具体的代码吧。

◎ 实现代码

```
1  import pandas as pd  # 导入pandas模块
2  import matplotlib.pyplot as plt  # 导入Matplotlib模块
3  import xlwings as xw  # 导入xlwings模块
4  df = pd.read_excel('饼图.xlsx')  # 从指定工作簿中读取数据
5  figure = plt.figure()  # 创建一个绘图窗口
6  plt.rcParams['font.sans-serif']=['SimHei']  # 为图表中的中文文本设置
   默认字体，以避免中文显示乱码的问题
7  plt.rcParams['axes.unicode_minus'] = False  # 解决坐标值为负数时无法
   正常显示负号的问题
8  x = df['产品名称']  # 指定数据中的“产品名称”列作为各个类别的标签
9  y = df['销售额']  # 指定数据中的“销售额”列用于计算各个类别的占比
10 plt.pie(y, labels = x, labeldistance = 1.1, autopct = '%.2f%%',
   pctdistance = 0.8, startangle = 90, radius = 1.0, explode = [0, 0,
   0, 0, 0, 0.3, 0])  # 制作饼图并分离饼图块
11 plt.title(label = '产品销售额占比图', fontdict = {'color' : 'black',
   'size' : 30}, loc = 'center')  # 添加并设置图表标题
12 app = xw.App(visible = False)  # 启动Excel程序
13 workbook = app.books.open('饼图.xlsx')  # 打开要插入图表的工作簿
14 worksheet = workbook.sheets[0]  # 选中第一个工作表
15 worksheet.pictures.add(figure, name = '图片1', update = True, left
   = 200)  # 在工作表中插入制作的饼图
16 workbook.save()  # 保存工作簿
17 workbook.close()  # 关闭工作簿
18 app.quit()  # 退出Excel程序
```

◎ 代码解析

第 8 行和第 9 行代码用于指定制作图表的数据，然后在第 10 行代码中用 pie() 函数根据这些数据制作饼图，并将饼图中的第 6 个饼图块分离出来，可根据实际需求更改要分离的饼图块。

第 11 行代码为图表添加并设置图表标题。第 12 ～ 18 行代码用于将制作好的图表插入工作簿中，然后保存并关闭工作簿。

◎ 知识延伸

第 10 行代码中的 pie() 是 Matplotlib 模块中的函数，用于制作饼图。该函数在第 7 章的案例 01 中曾使用过，这里再详细介绍一下它的语法格式和常用参数含义。

pie(x, explode, labels, colors, autopct, pctdistance, shadow, labeldistance, startangle, radius, counterclock, center, frame)

参数	说明
x	饼图块的数据系列值
explode	一个列表，指定每一个饼图块与圆心的距离
labels	每一个饼图块的数据标签内容
colors	每一个饼图块的填充颜色
autopct	每一个饼图块的百分比数值的格式
pctdistance	百分比数值与饼图块中心的距离
shadow	是否为饼图绘制阴影
labeldistance	数据标签与饼图块中心的距离
startangle	数据的第一个值对应的饼图块在饼图中的初始角度
radius	饼图的半径
counterclock	是否让饼图逆时针显示
center	饼图的中心位置
frame	是否显示饼图背后的图框

举一反三　制作圆环图

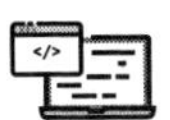

◎ 代码文件：制作圆环图.py
◎ 数据文件：饼图.xlsx

为 pie() 函数适当设置参数 wedgeprops 的值，就能制作出圆环图。具体代码如下。

```
1  import pandas as pd
2  import matplotlib.pyplot as plt
3  import xlwings as xw
4  df = pd.read_excel('饼图.xlsx')
5  figure = plt.figure()
6  plt.rcParams['font.sans-serif']=['SimHei']
7  plt.rcParams['axes.unicode_minus'] = False
8  x = df['产品名称']
9  y = df['销售额']
10 plt.pie(y, labels = x, autopct = '%.2f%%', pctdistance = 0.85, radius
   = 1.0, labeldistance = 1.1, wedgeprops = {'width' : 0.3, 'linewidth' :
   2, 'edgecolor' : 'white'})  # 用读取的数据制作圆环图
11 plt.title(label = '产品销售额占比图', fontdict = {'color' : 'black',
   'size' : 30}, loc = 'center')
12 app = xw.App(visible = False)
13 workbook = app.books.open('饼图.xlsx')
14 worksheet = workbook.sheets[0]
15 worksheet.pictures.add(figure, name = '图片1', update = True, left
   = 200)
16 workbook.save()
17 workbook.close()
```

```
18    app.quit()
```

运行以上代码，即可得到如右图所示的圆环图。

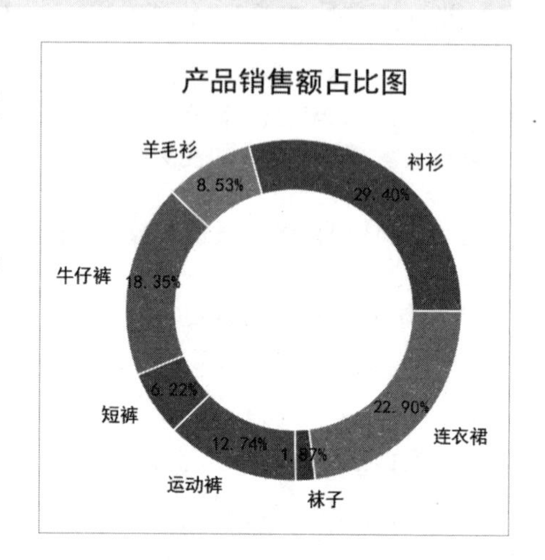

参数 wedgeprops 用于设置饼图块的属性，取值为一个字典，字典中的元素则是饼图块各个属性的值。上述第 10 行代码中的 wedgeprops = {'width' : 0.3, 'linewidth' : 2, 'edgecolor' : 'white'} 就表示设置饼图块宽度为 0.3，边框粗细为 2，边框颜色为白色。设置的饼图块宽度小于饼图半径（radius = 1.0），这样就制作出了圆环图的效果。

案例 05　制作雷达图对比多项指标

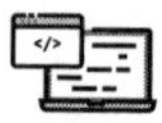

◎ 代码文件：制作雷达图对比多项指标.py

◎ 数据文件：雷达图.xlsx

◎ 应用场景

雷达图可以同时比较和分析多个指标，右图所示的雷达图就同时展示了多个品牌汽车的性能指标情况。

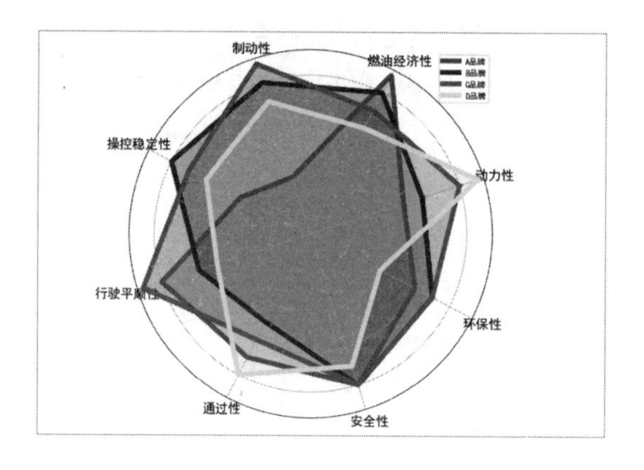

这个图表看起来有点复杂，Python 中应该没有专门用于制作这种图表的函数吧。不过我怎么觉得它和折线图有异曲同工之处呢？

聪明！雷达图还真可以用制作折线图的 plot() 函数来制作，不过还要结合 linspace()、concatenate()、add_subplot() 等函数完善图表效果。具体代码如下。

◎ 实现代码

```
1   import pandas as pd  # 导入pandas模块
2   import numpy as np  # 导入NumPy模块
3   import matplotlib.pyplot as plt  # 导入Matplotlib模块
4   df = pd.read_excel('雷达图.xlsx')  # 从指定工作簿中读取数据
5   df = df.set_index('性能评价指标')  # 将数据中的“性能评价指标”列设置
    为行索引
6   df = df.T  # 转置数据表格
7   df.index.name = '品牌'  # 将转置后数据中行索引那一列的名称修改为“品牌”
8   def plot_radar(data, feature):  # 自定义一个函数用于制作雷达图
9       plt.rcParams['font.sans-serif'] = ['SimHei']  # 为图表中的中文文
        本设置默认字体，以避免中文显示乱码的问题
10      plt.rcParams['axes.unicode_minus'] = False  # 解决坐标值为负数时
        无法正常显示负号的问题
11      cols = ['动力性', '燃油经济性', '制动性', '操控稳定性', '行驶平顺
        性', '通过性', '安全性', '环保性']  # 指定性能评价指标名称
12      colors = ['green', 'blue', 'red', 'yellow']  # 为每个品牌设置图
        表中的显示颜色
13      angles = np.linspace(0.1 * np.pi, 2.1 * np.pi, len(cols), end-
        point = False)  # 根据要显示的指标个数对圆形进行等分
14      angles = np.concatenate((angles, [angles[0]]))  # 连接刻度线数据
15      cols = np.concatenate((cols, [cols[0]]))  # 连接指标名称
16      fig = plt.figure(figsize = (8, 8))  # 设置显示图表的窗口大小
17      ax = fig.add_subplot(111, polar = True)  # 设置图表在窗口中的显
        示位置，并设置坐标轴为极坐标体系
```

```
18        for i, c in enumerate(feature):
19            stats = data.loc[c]  # 获取品牌对应的指标数据
20            stats = np.concatenate((stats, [stats[0]]))  # 连接品牌的指
              标数据
21            ax.plot(angles, stats, '-', linewidth = 6, c = colors[i],
              label = '%s'%(c))  # 制作雷达图
22            ax.fill(angles, stats, color = colors[i], alpha = 0.25)  # 为
              雷达图填充颜色
23        ax.legend()  # 为雷达图添加图例
24        ax.set_yticklabels([])  # 隐藏坐标轴数据
25        ax.set_thetagrids(angles * 180 / np.pi, cols, fontsize = 16)  # 添
          加并设置数据标签
26        plt.show()  # 显示制作的雷达图
27        return fig
28    fig = plot_radar(df, ['A品牌','B品牌','C品牌','D品牌'])  # 调用自定
      义函数制作雷达图
```

◎ 代码解析

第 4 ～ 7 行代码使用 pandas 模块读取工作簿数据，并对数据进行转置和更改行索引等处理，为制作图表做好准备。

第 8 ～ 27 行代码用于自定义一个函数。

第 8 行代码中 def 后的 plot_radar 为自定义函数的名称，该函数有两个参数：第一个参数 data 用于传入制作图表的数据，第二个参数 feature 用于指定要在图表中展示的品牌。

第 9 ～ 27 行代码为定义函数的具体代码。第 9 行和第 10 行代码用于让图表中的各种文本和数据能够正常显示。第 11 行代码用于指定各个品牌要显示的性能评价指标的名称，这些名称可以根据实际需求更改。第 12 行代码为各个品牌设置不同的显示颜色，这些颜色也可根据实际需求更改。第 16 行和第 17 行代码对显示图表的窗口和图表在窗口中的位置进行了设置，同样可以根据实际需求更改。第 18 ～ 22 行代码用于制作各个品牌的雷达图。第 23 ～ 25 行代码用

于为雷达图添加图例、隐藏坐标轴数据和添加数据标签，完善图表效果。第 26 行代码用于显示制作好的雷达图。

第 28 行代码调用自定义函数 plot_radar()，得到所有品牌的性能评价指标可视化效果。

◎ 知识延伸

❶ 第 13 行代码中的 linspace() 是 NumPy 模块中的函数，用于在指定的区间内返回均匀间隔的数字。该函数的语法格式和常用参数含义如下。

linspace(start, stop, num=50, endpoint=True, retstep=False, dtype=None)

参数	说明
start	区间的起始值
stop	区间的终止值
num	可选参数，指定生成的样本数。取值必须是非负数，默认值为 50
endpoint	可选参数，指定终止值 stop 是否被包含在结果数组中。如果为 True，则结果中一定会有终止值 stop；如果为 False，则结果中一定没有终止值 stop
retstep、dtype	可选参数，一般不使用

❷ 第 14 行、第 15 行和第 20 行代码中的 concatenate() 是 NumPy 模块中的函数，用于一次完成多个数组的拼接。该函数的语法格式和常用参数含义如下。

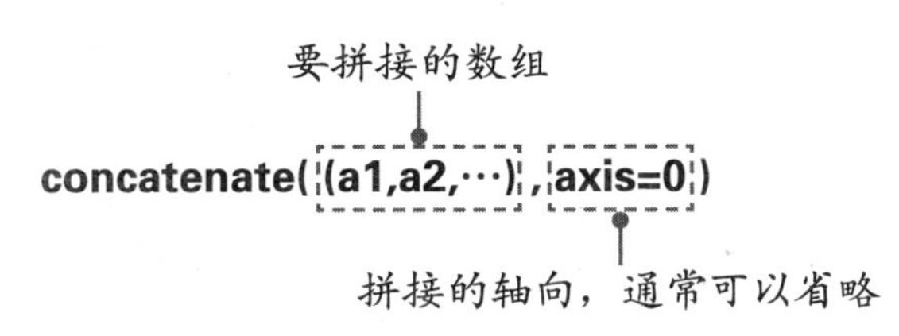

❸ 第 17 行代码中的 add_subplot() 是 Matplotlib 模块中的函数，用于在一张画布上划分区域，以绘制多张子图。第 17 行代码中的 111 表示将画布分成 1 行 1 列，也就是 1×1 的区域，然后在第 1 个区域（区域按照从左到右、从上到下的顺序编号）中放置制作的图表。如果将 111 改为 221，就表示将画布分成 2 行 2 列，也就是 2×2 的区域，然后在第 1 个区域中放置制作的图表。

❹ 第 22 行代码中的 fill() 是 Matplotlib 模块中的函数，用于为由一组坐标值定义的多边形区域填充颜色。该函数的语法格式和常用参数含义如下。

举一反三 制作某一品牌性能评价指标雷达图

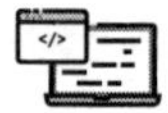

◎ 代码文件：制作某一品牌性能评价指标雷达图.py
◎ 数据文件：雷达图.xlsx

如果只想在雷达图中查看单个品牌的性能评价指标，只需将案例 05 代码的第 28 行修改为如下代码。

```
1  fig = plot_radar(df, ['A品牌'])  # 查看A品牌的性能评价指标情况
```

运行代码后，即可得到只显示 A 品牌各个性能评价指标的雷达图，如右图所示。

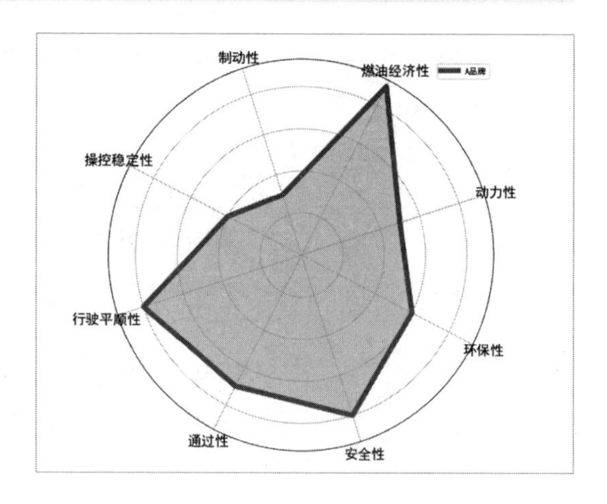

案例 06　制作温度计图展示工作进度

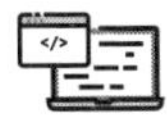

◎ 代码文件：制作温度计图展示工作进度.py

◎ 数据文件：温度计图.xlsx

◎ 应用场景

温度计图是在柱形图的基础上制作而成的一种图表，常用于展示目标的达成情况。如下左图所示为某企业某年各个月份的实际销售业绩及全年的目标销售业绩。现在要制作一个如下右图所示的温度计图来展示全年的实际销售业绩是否达到了目标。你先想一想，应该用什么函数来实现呢？

	A	B	C
1	月份	销售业绩（万元）	
2	1月	40	
3	2月	60	
4	3月	90	
5	4月	110	
6	5月	120	
7	6月	140	
8	7月	160	
9	8月	50	
10	9月	60	
11	10月	80	
12	11月	10	
13	12月	20	
14	当前销售业绩合计值		
15	目标销售业绩	1000	
16			
17	当前销售百分比		

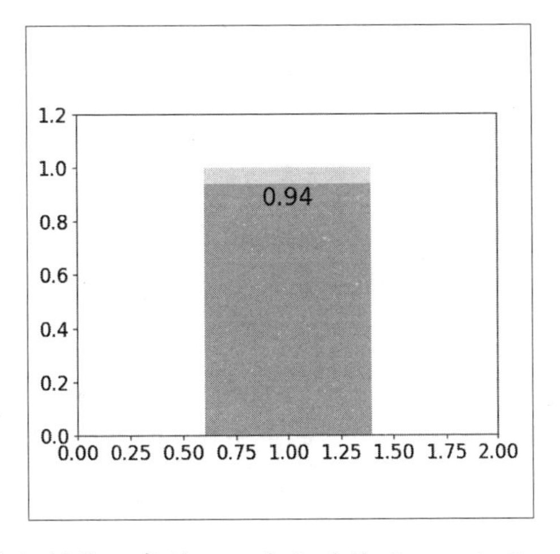

小新：既然温度计图是在柱形图的基础上制作而成的，那肯定要使用 Matplotlib 模块中的 bar() 函数吧？

没错，使用 Matplotlib 模块中的 bar() 函数可以制作温度计图，不过温度计图并不是只有一根柱子的柱形图，而是由两个填充了不同颜色的柱形图叠加而成的。此外还需要使用 xlim()、ylim()、text() 等函数来完善图表效果。具体代码如下。

◎ 实现代码

```
1   import pandas as pd  # 导入pandas模块
2   import matplotlib.pyplot as plt  # 导入Matplotlib模块
3   df = pd.read_excel('温度计图.xlsx')  # 从指定工作簿中读取数据
4   sum = 0  # 定义变量sum，用于存储全年的实际销售业绩
5   for i in range(12):
6       sum = df['销售业绩（万元）'][i] + sum  # 累加12个月的实际销售业
        绩，得到全年的实际销售业绩
7   goal = df['销售业绩（万元）'][13]  # 获取全年的目标销售业绩
8   percentage = sum / goal  # 计算全年的实际销售业绩占目标销售业绩的百分比
9   plt.bar(1, 1, color = 'yellow')  # 制作柱形图展示全年的目标销售业绩，
    设置填充颜色为黄色
10  plt.bar(1, percentage, color = 'cyan')  # 制作柱形图展示全年的实际销
    售业绩，设置填充颜色为青色
11  plt.xlim(0, 2)  # 设置图表x轴的取值范围
12  plt.ylim(0, 1.2)  # 设置图表y轴的取值范围
13  plt.text(1, percentage - 0.01, percentage, ha = 'center', va = 'top',
    fontdict = {'color' : 'black', 'size' : 20})  # 添加并设置数据标签
14  plt.show()  # 显示制作的温度计图
```

◎ 代码解析

第 3 行代码用 pandas 模块读取工作簿数据。

第 4 ～ 6 行代码使用 for 语句将 12 个月的销售业绩累加起来，得到全年的总销售业绩，第 5 行代码中 range() 函数的参数 12 代表要计算 12 个月的总销售业绩。第 7 行代码用于获取全年的目标销售业绩，其中的 13 表示目标销售业绩数据所在的行序号。最后通过第 8 行代码计算全年的总销售业绩占目标销售业绩的百分比。

第 9 行和第 10 行代码用于制作柱形图。需要注意的是，因为后制作的图表会叠加在先制作的图表上方，所以要先制作展示目标销售业绩的柱形图，再制作展示实际销售业绩的柱形图，如下图所示。

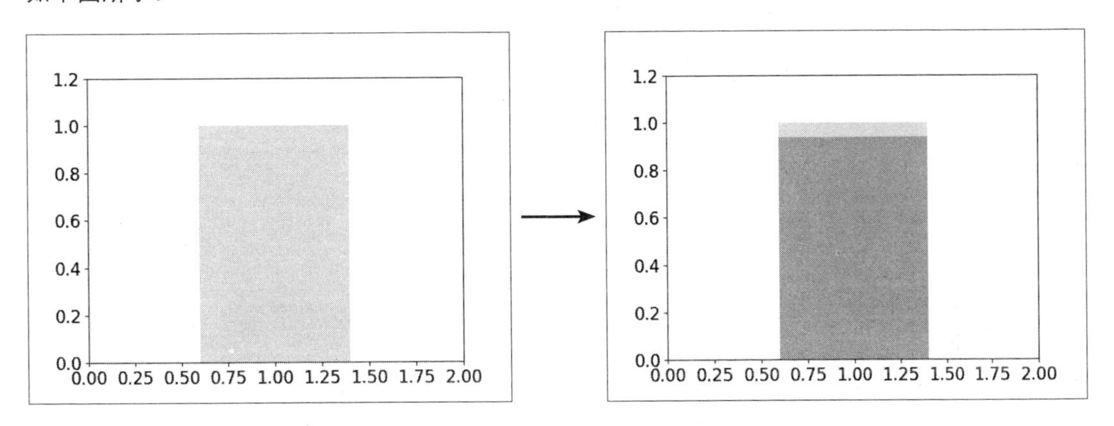

第 11 ～ 13 行代码用于为图表设置 *x*、*y* 轴的取值范围和添加数据标签。

◎ 知识延伸

第 11 行代码中的 xlim() 函数和第 12 行代码中的 ylim() 函数分别用于为图表设置 *x* 轴和 *y* 轴的取值范围。ylim() 函数的语法格式和常用参数含义在第 7 章中已经介绍过，下面介绍一下 xlim() 函数的语法格式和常用参数含义。

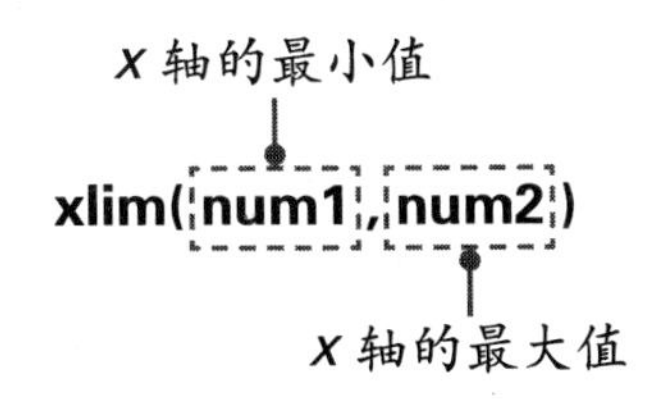

举一反三　制作上半年销售业绩的温度计图

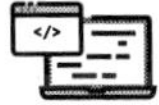

◎ 代码文件：制作上半年销售业绩的温度计图.py

◎ 数据文件：温度计图.xlsx

如果只想展示上半年的实际销售业绩占目标销售业绩的百分比，可将案例 06 代码的第 5 行中的 12 改为 6，具体如下。

```
1    for i in range(6):
```

运行代码后，即可得到展示上半年销售业绩完成度的温度计图，如右图所示。

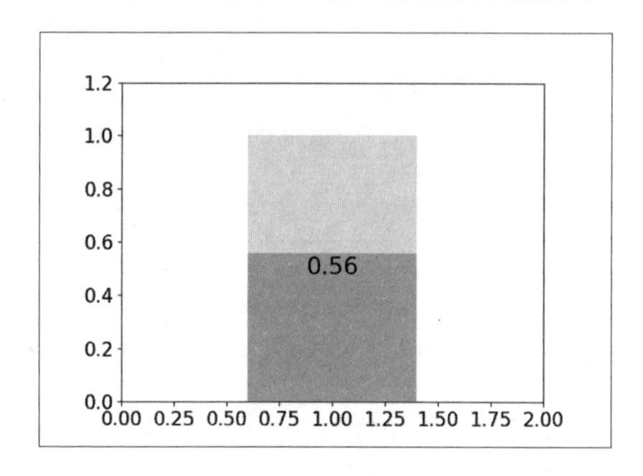

第9章

在 Excel 中调用 Python 代码

前面的章节主要介绍了如何编写 Python 代码批量处理 Excel 数据，那么能否在 Excel 中调用 Python 代码来解决一些问题呢？当然是可以的。本章就将介绍如何使用 Excel 中的 xlwings 插件和 VBA 调用 Python 中的自定义函数，以及将 Python 代码转换为 exe 格式的可执行程序的方法。

9.1 在工作表中调用 Python 自定义函数

当 Excel 提供的工作表函数不能满足工作需求时，可以用 Python 编写自定义函数的代码，然后在工作表中像使用 Excel 工作表函数那样调用 Python 自定义函数。

9.1.1 在 Excel 中加载 xlwings 插件

要在 Excel 中使用 Python 自定义函数，首先需要在计算机上安装 xlwings 模块（具体方法见 1.3.2 节），再将 xlwings 模块作为插件加载为 Excel 功能区的选项卡。安装好 xlwings 模块后，计算机中会产生一个名为“xlwings.xlam”的 Excel 加载宏文件，该文件默认位于 Python 安装路径的“site-packages”文件夹下，如果不记得 Python 的安装路径，可以用文件资源管理器搜索该文件并记住其位置，这个位置很重要，在加载 xlwings 插件时会用到。

步骤 01 加载 xlwings 插件要用到“开发工具”选项卡下的功能，但 Excel 默认不显示该选项卡，需要通过手动设置将其显示出来。启动 Excel 并新建一个空白工作簿，单击“文件 > 选项”命令，打开“Excel 选项”对话框，❶在对话框左侧单击“自定义功能区”选项，❷在右侧的“主选项卡”列表框中勾选“开发工具”复选框，如下图所示。

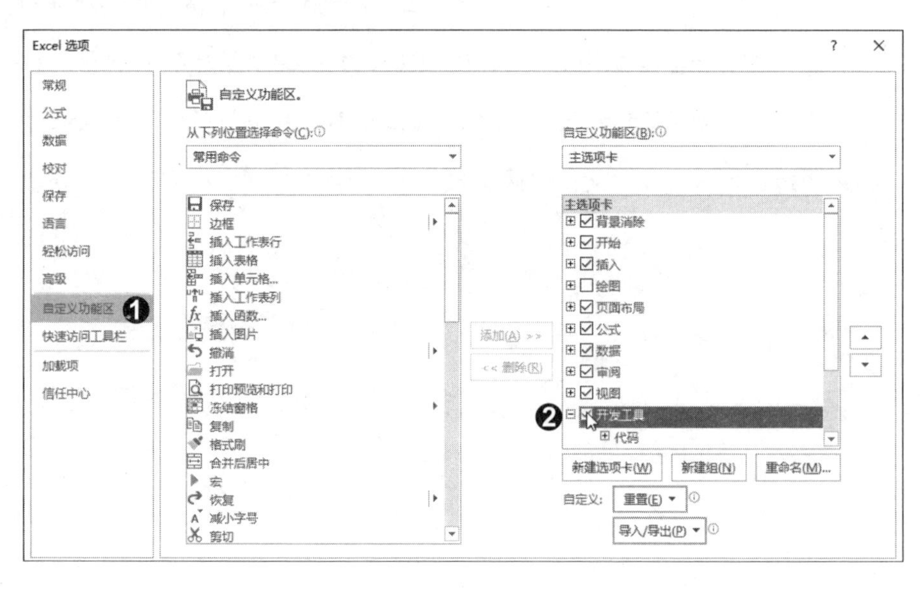

步骤02 ❶在“Excel 选项”对话框左侧单击“信任中心”选项，❷在右侧单击“信任中心设置”按钮，如下图所示。

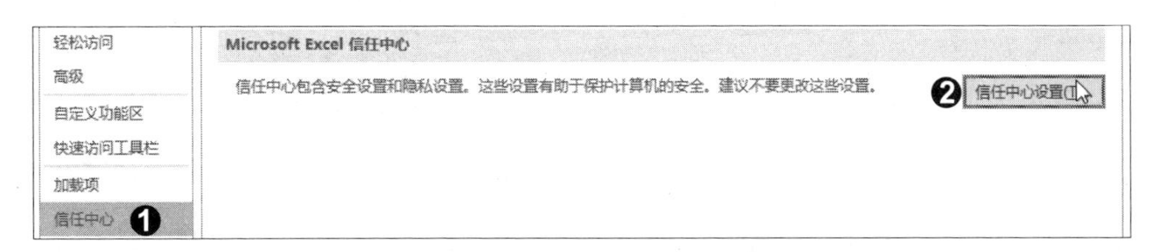

步骤03 ❶在打开的“信任中心”对话框左侧单击“宏设置”选项，❷在右侧单击“启用所有宏（不推荐；可能会运行有潜在危险的代码）”单选按钮，❸勾选“信任对 VBA 工程对象模型的访问”复选框，❹单击“确定”按钮，如下图所示。

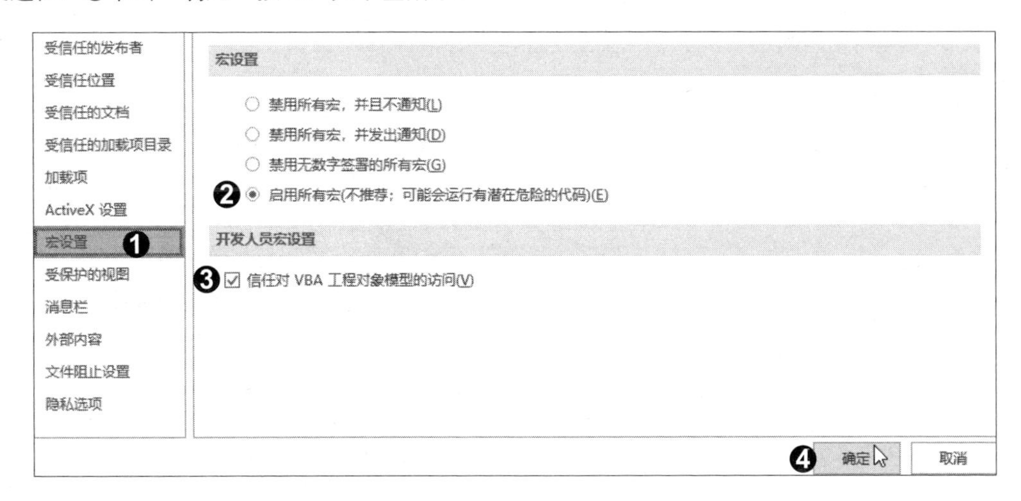

步骤04 在“Excel 选项”对话框中单击“确定”按钮，返回工作表中，❶切换到“开发工具”选项卡，❷在“加载项”组中单击“Excel 加载项”按钮，如下图所示。

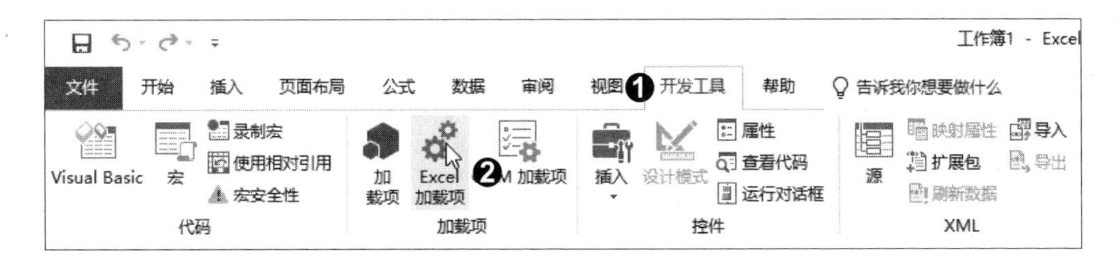

步骤05 打开“加载项”对话框，如果在“可用加载宏”列表框中未看到 xlwings 插件，则单击“浏览”按钮，如右图所示。

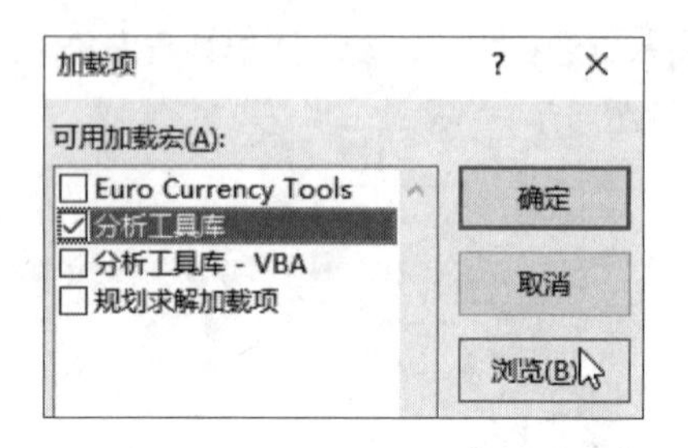

步骤06 打开“浏览”对话框，❶进入 Python 安装路径下的“site-packages”文件夹，找到并打开 xlwings 模块的文件夹，打开“addin”文件夹，❷选中名为“xlwings.xlam”的 Excel 加载宏文件，❸单击“确定”按钮，如下图所示。

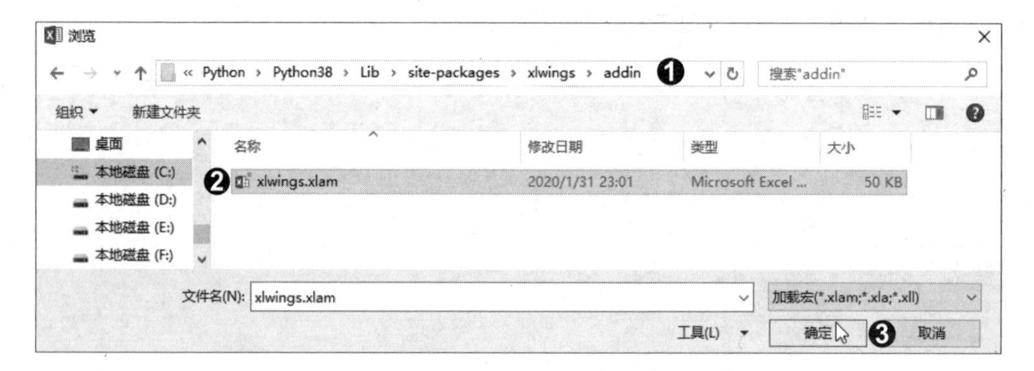

步骤07 随后“Xlwings”插件会自动显示在“可用加载宏”列表框中，❶勾选该插件的复选框，❷单击“确定”按钮，如右图所示。

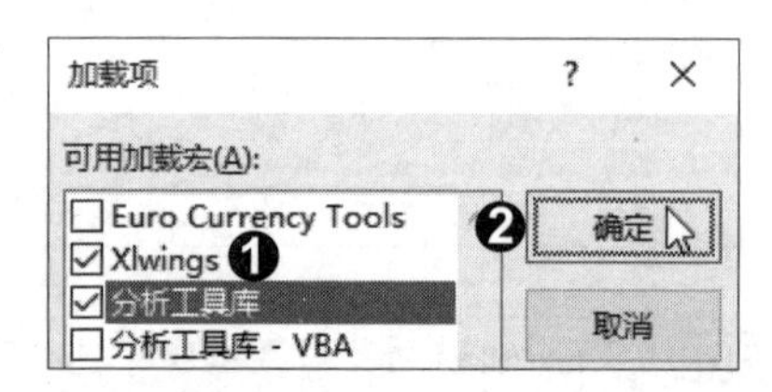

步骤08 返回工作簿，即可在功能区看到“xlwings”选项卡，如下图所示。

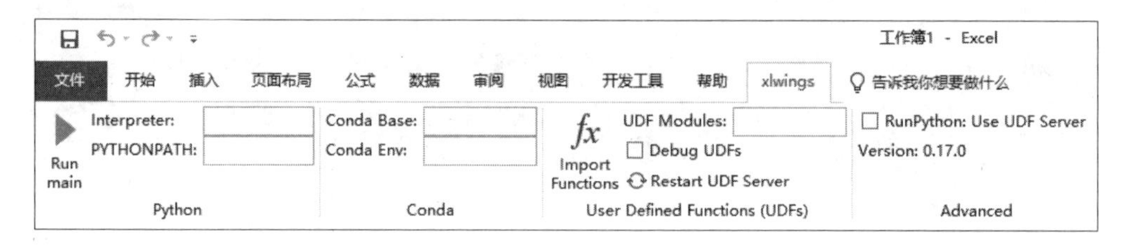

9.1.2 导入并调用 Python 自定义函数

完成了 xlwings 插件的加载后，就可以在该选项卡下导入并调用 Python 自定义函数了。我们需要准备一个带宏工作簿（扩展名为“.xlsm”）和一个包含自定义函数的 Python 代码文件（扩展名为“.py”）。常用的操作模式有两种，下面分别介绍。

1. 使用 xlwings 模块的命令创建文件实现调用

xlwings 模块提供的 quickstart 命令可以快速创建带宏工作簿和 Python 代码文件，再以这两个文件为模板进行修改，就能实现 Python 自定义函数的导入和调用，具体的操作方法如下。

步骤01 按快捷键【Win+R】，在打开的“运行”对话框中输入“cmd”，按【Enter】键，打开命令行窗口，❶在当前路径后输入磁盘盘符“F:”，按【Enter】键，表示要在 F 盘创建带宏工作簿和 Python 代码文件，❷当前路径转到 F 盘的根文件夹下后，输入命令“xlwings quickstart table”，按【Enter】键，等待一段时间，如果出现 xlwings 的版本信息，就表示带宏工作簿和 Python 代码文件已经创建成功，如下图所示。

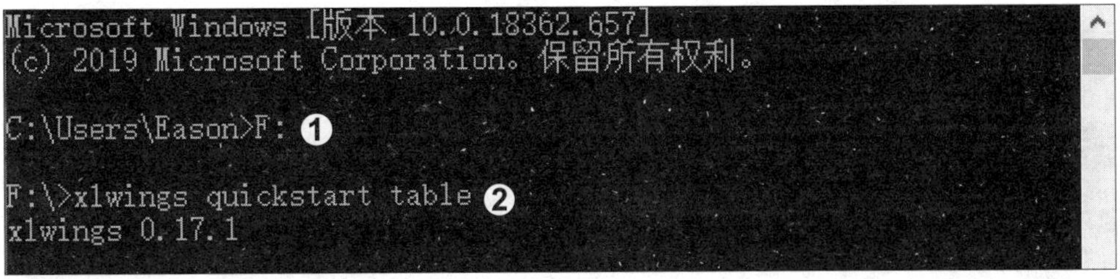

```
Microsoft Windows [版本 10.0.18362.657]
(c) 2019 Microsoft Corporation。保留所有权利。

C:\Users\Eason>F: ❶

F:\>xlwings quickstart table ❷
xlwings 0.17.1
```

提 示

这里是在 F 盘的根文件夹下进行创建，如果要在 F 盘的其他已有文件夹下创建，可以先输入“cd 文件夹名”，按【Enter】键，将当前路径转到对应的文件夹下，再执行 quickstart 命令。

命令“xlwings quickstart table”中的“table”是指要创建的文件夹以及文件夹中的带宏工作簿和 Python 代码文件的文件名，这个名称可根据实际需求更改。

步骤02 ❶随后进入F盘，可看到根文件夹下创建了一个名为“table”的文件夹，打开该文件夹，❷可看到“table.py”和“table.xlsm”两个文件，如右图所示。

步骤03 打开“table.py”文件，可看到该文件包含自动生成的4段代码，我们可以用该文件作为模板，编写自定义函数。例如，在代码末尾输入自定义函数double_sum()的代码段，该函数用于返回两个数之和的两倍，如右图所示。

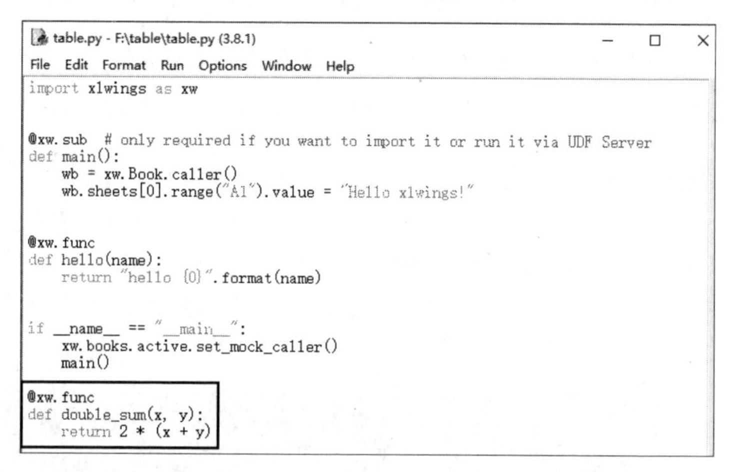

提 示

下面简单介绍一下“table.py”文件中自动生成的4段代码的含义。

第1段代码：

```
1  import xlwings as xw
```

这段代码在前面的章节中经常用到且详细介绍过，表示导入xlwings模块。

第2段代码：

```
1  @xw.sub
2  def main():
3      wb = xw.Book.caller()
4      wb.sheets[0].range("A1").value = "Hello xlwings!"
```

这段代码定义了一个 main() 函数，用于在当前工作簿的第 1 个工作表的单元格 A1 中输入“Hello xlwings!”。def 是自定义函数的标记。代码段开头的 @xw.sub 修饰符表示这个函数只能在 VBA 中调用。

第 3 段代码：

```
@xw.func
def hello(name):
    return "hello {0}".format(name)
```

这段代码定义了一个 hello() 函数，用于将传入的参数 name 的值拼接在字符串 'hello ' 的后面。代码段中同样有自定义函数的标记 def，代码段开头的 @xw.func 修饰符则表示这个函数只能通过 Excel 的 xlwings 插件导入和调用。

第 4 段代码：

```
if __name__ == "__main__":
    xw.books.active.set_mock_caller()
    main()
```

代码段中的 if __name__ == "__main__" 是指当“table.py”文件被直接运行时，if __name__ == "__main__" 下方的代码块将被运行；当“table.py”文件以模块形式被导入时，则 if __name__ == "__main__" 下方的代码块不被运行。

步骤 04 现在以“table.py”文件中的默认自定义函数 hello() 和我们自己编写的自定义函数 double_sum() 为例，演示如何在 Excel 中导入并调用 Python 自定义函数。在 Excel 中打开步骤 02 中创建的“table.xlsm”文件，❶切换至“xlwings”选项卡，❷单击“User Defined Functions（UDFs）”组中的“Import Functions”按钮，如下图所示。

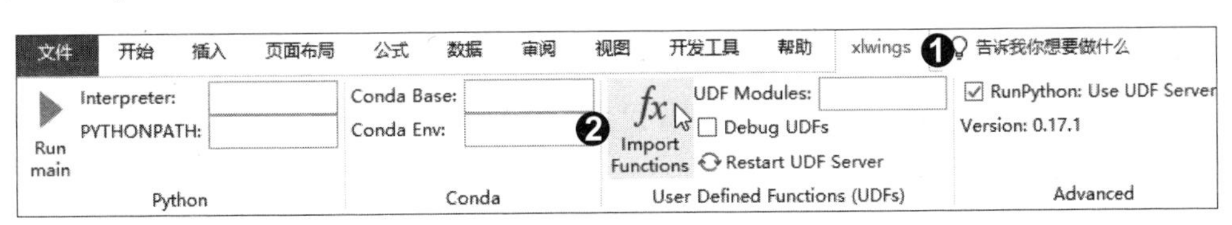

步骤05 现在就可以在工作表中像使用 Excel 工作表函数那样调用导入的 Python 自定义函数了。❶在单元格 A1 中输入文本“Tom”，❷然后在单元格 B1 中输入公式“=hello(A1)”，按【Enter】键，即可得到 hello() 函数的执行结果，如下左图所示。❸在单元格 A2 和 A3 中分别输入数值 25 和 45，❹然后在单元格 A4 中输入公式“=double_sum(A2,A3)”，按【Enter】键，即可得到 double_sum() 函数的计算结果，如下右图所示。

B1　=hello(A1)

	A	B	C	D
1	Tom ❶	hello Tom ❷		
2				
3				
4				
5				

A4　=double_sum(A2,A3)

	A	B	C	D
1	Tom	hello Tom		
2	25 ❸			
3	45			
4	140 ❹			
5				

2. 自定义 Python 代码文件的位置和名称

前面介绍的这种操作模式有一个前提条件：带宏工作簿和 Python 代码文件必须位于同一个文件夹下，并且具有相同的文件主名。如果带宏工作簿和 Python 代码文件不在同一个文件夹下，或者文件主名不同，则需要在 Excel 的“xlwings”选项卡下设置 Python 代码文件的位置和名称，才能导入 Python 自定义函数。

为便于演示，将前面创建的“table.xlsm”文件复制到其他位置，然后将文件名改为“自定义函数.xlsm”（本书建议尽量使用由 xlwings 模块的 quickstart 命令创建的带宏工作簿，而不要自己创建，以免在后续操作时出错）。下面就用“自定义函数.xlsm”来讲解具体的操作方法。

步骤01 在 Excel 中打开“自定义函数.xlsm”文件，❶切换至“xlwings”选项卡，❷在“Python”组中的“PYTHONPATH”文本框中输入要导入 Python 自定义函数的“table.py”文件所在的位置“F:\table”，如下图所示。

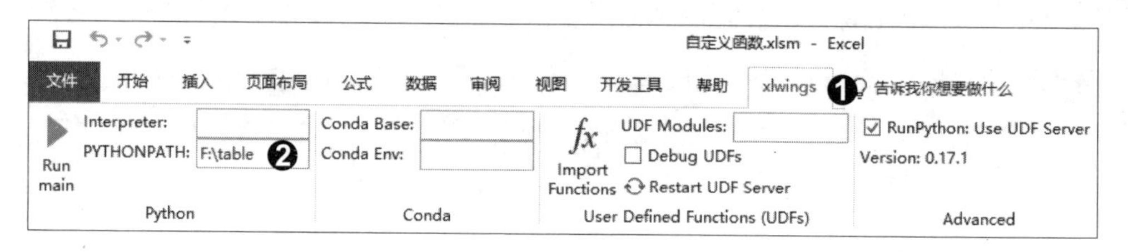

步骤 02 接着在“User Defined Functions（UDFs）”组中的“UDF Modules”文本框中输入要导入 Python 自定义函数的“table.py”文件的名称“table”，如下图所示。

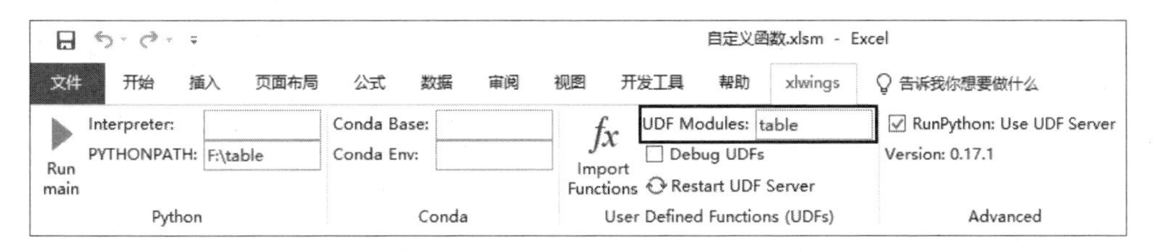

步骤 03 ❶在“User Defined Functions（UDFs）”组中单击“Import Functions”按钮，❷在单元格 A1 中输入公式“=double_sum(25,45)”，按【Enter】键，❸同样可以成功地调用自定义函数 double_sum() 完成计算，如下图所示。

9.2　在 VBA 中调用 Python 自定义函数

如果对 Excel VBA 比较熟悉，还可以在 VBA 代码中调用 Python 自定义函数，将两种编程语言的特长相结合，更加灵活、高效地完成工作。

9.2.1　通过命令创建文件并调用 Python 自定义函数

通过 xlwings 模块提供的 quickstart 命令可以快速创建带宏工作簿和包含自定义函数的 Python 代码文件，并且省去引用 xlwings 模块的操作。具体的操作方法如下。

步骤01 使用 9.1.2 节介绍的方法在 F 盘中创建一个名为“helloworld”的文件夹，该文件夹中会自动生成“helloworld.py”和“helloworld.xlsm”两个文件，如下图所示。

步骤02 打开“helloworld.xlsm”文件，在“开发工具”选项卡下单击“Visual Basic”按钮或按快捷键【Alt+F11】，打开 VBA 编辑器。❶在左侧的“工程”界面中双击名为“Module1”的模块，❷可在右侧的代码窗口中看到一段自动编写好的 VBA 代码，如下图所示。这段代码表示调用当前工作簿所在文件夹下的同名 Python 代码文件（这里就是“helloworld.py”）中的自定义函数 main()。

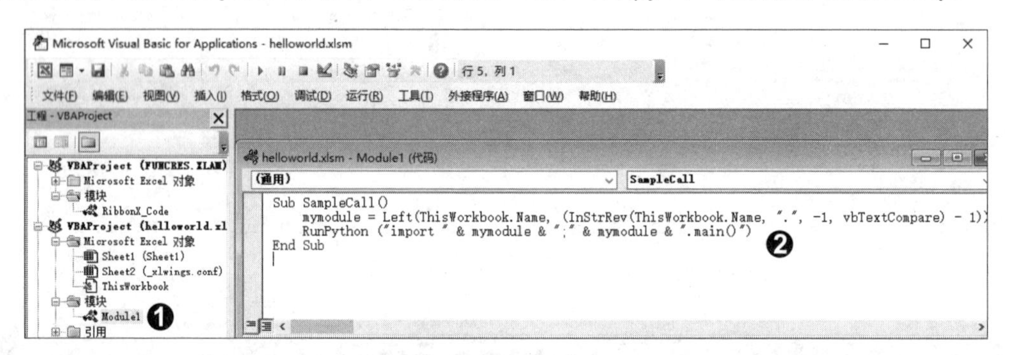

提 示

步骤 02 打开的 VBA 编辑器中的代码为：

```
1  Sub SampleCall()
2      mymodule = Left(ThisWorkbook.Name, (InStrRev(ThisWorkbook.
       Name, ".", -1, vbTextCompare) - 1))
3      RunPython ("import " & mymodule & ";" & mymodule & ".main()")
4  End Sub
```

第 1 行代码中的 Sub 是表示宏开始的关键词，空格后是宏的名称，这里为“SampleCall”，可根据实际需求更改这个名称。

第 2 行代码表示获取当前工作簿的文件主名（文件名中“.”之前的部分），为后续导入 Python 代码文件做好准备。

第 3 行代码表示导入与当前工作簿同名的 Python 代码文件，然后调用其中的自定义函数 main()。因为未指定文件路径，所以默认导入当前工作簿所在文件夹下的 Python 代码文件。具体到本案例，就表示导入“helloworld.xlsm”所在文件夹下的“helloworld.py”。

第 4 行代码中的 End Sub 表示宏的结束。

步骤 03 关闭 VBA 编辑器，在“开发工具”选项卡下单击“宏”按钮或按快捷键【Alt+F8】，打开“宏”对话框，❶选择要执行的宏“SampleCall”，❷单击“执行”按钮，如右图所示。

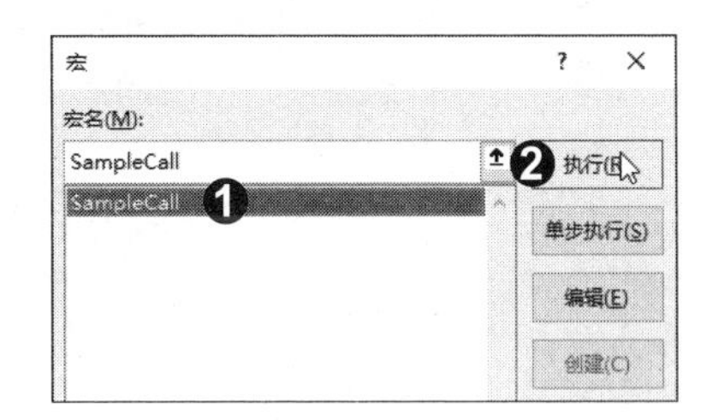

步骤 04 自定义函数 main() 的代码和 9.1.2 节介绍的相同，表示在当前工作簿的第 1 个工作表的单元格 A1 中输入“Hello xlwings!”。因此，执行宏“SampleCall”后，工作表“Sheet1”的单元格 A1 中会自动输入“Hello xlwings!”，如下图所示。

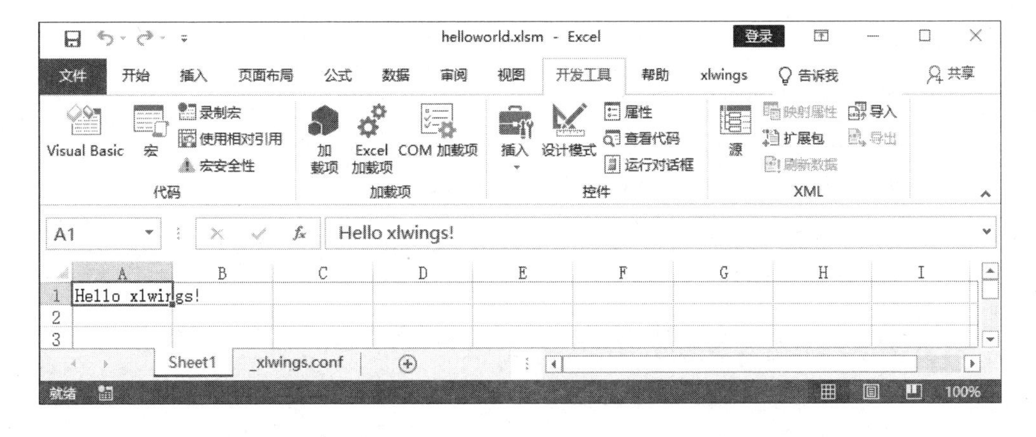

步骤 05 前面调用的是 quickstart 命令自动生成的函数，如果想要调用自己编写的自定义函数，则

打开步骤 01 中创建的“helloworld.py”文件，在末尾输入自定义函数的代码段。这里输入如下图所示的代码段，它创建了一个名为 double_sum() 的自定义函数。

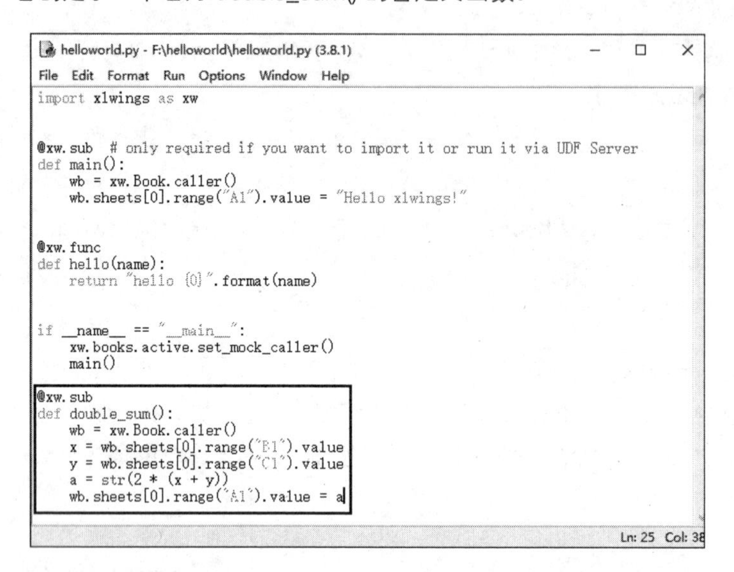

提 示

步骤 05 中添加的代码为：

```
1  @xw.sub
2  def double_sum():
3      wb = xw.Book.caller()
4      x = wb.sheets[0].range("B1").value
5      y = wb.sheets[0].range("C1").value
6      a = str(2 * (x + y))
7      wb.sheets[0].range("A1").value = a
```

第 1 行代码为修饰符 @xw.sub，表示该函数只能在 VBA 中调用。

第 3 行代码表示用变量 wb 代表调用本函数的工作簿，也就是当前工作簿。

第 4 行和第 5 行代码表示将当前工作簿第 1 个工作表的单元格 B1 和 C1 中的值分别赋给

变量 x 和 y。

第 6 行代码表示计算 x 加 y 之和的两倍，然后将计算出的值转换为字符串，再将这个字符串赋给变量 a。

第 7 行代码表示将变量 a 的值（一个字符串）写入第 1 个工作表的单元格 A1 中。

步骤 06 打开工作簿“helloworld.xlsm”的 VBA 编辑器，将“Module1”模块代码中的函数名“main()”更改为“double_sum()”，如下图所示。

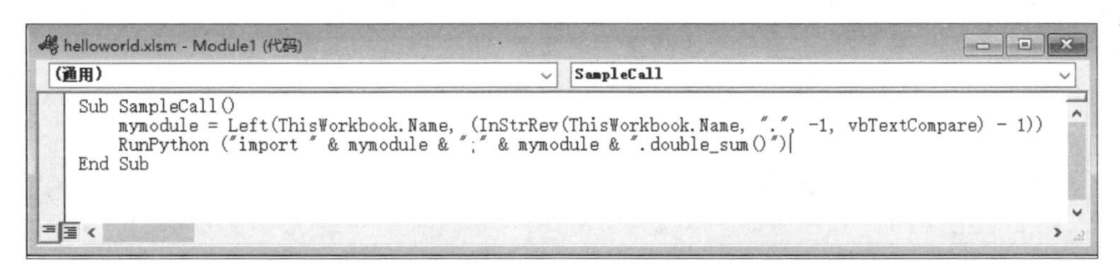

步骤 07 关闭 VBA 编辑器，在单元格 B1 和 C1 中分别输入数值 20 和 10，然后执行宏“SampleCall”，即可看到单元格 A1 中显示的自定义函数 double_sum() 的计算结果，如右图所示。

A1　60

	A	B	C
1	60	20	10
2			
3			

9.2.2　手动创建文件并调用 Python 自定义函数

除了使用 quickstart 命令创建带宏工作簿和 Python 代码文件，我们还可以通过手动创建文件来实现在 VBA 中调用 Python 自定义函数。手动创建文件的操作要复杂一些，但是在实际工作中，这种方法更为实用和灵活。

步骤 01 打开 Excel，创建一个空白工作簿，添加一个工作表并命名为“统计表”，在其中输入各个产品的销售数据，如下图所示。现在需要将不同产品的销售数据提取出来分别保存：将产品“背包”的销售数据提取出来保存在工作簿“背包.xlsx”中，将产品“行李箱”的销售数据提取出来保存在工作簿“行李箱.xlsx”中，依此类推。

单号	产品名称	成本价（元/个）	销售价（元/个）	销售数量（个）	产品成本（元）	销售收入（元）	销售利润（元）
6123001	背包	¥16	¥65	600	¥9,600	¥39,000	¥29,400
6123002	行李箱	¥22	¥88	450	¥9,900	¥39,600	¥29,700
6123003	钱包	¥90	¥187	500	¥45,000	¥93,500	¥48,500
6123004	背包	¥16	¥65	230	¥3,680	¥14,950	¥11,270
6123005	手提包	¥36	¥147	260	¥9,360	¥38,220	¥28,860
6123006	行李箱	¥22	¥88	850	¥18,700	¥74,800	¥56,100
6123007	钱包	¥90	¥187	780	¥70,200	¥145,860	¥75,660
6123008	钱包	¥90	¥187	1000	¥90,000	¥187,000	¥97,000

步骤02 现在开始编写 Python 自定义函数来完成步骤 01 中提出的工作任务。打开 Python 代码编辑器（如 IDLE），输入如下代码，创建自定义函数 table()。

```
1  import xlwings as xw
2  def table():
3      workbook = xw.books.open('F:\产品统计表.xlsm')
4      worksheet = workbook.sheets['统计表']
5      value = worksheet.range('A2').expand('table').value
6      data = dict()
7      for i in range(len(value)):
8          product_name = value[i][1]
9          if product_name not in data:
10             data[product_name] = []
11         data[product_name].append(value[i])
12     for key,value in data.items():
13         new_workbook = xw.books.add()
14         new_worksheet = new_workbook.sheets.add(key)
15         new_worksheet['A1'].value = worksheet['A1:H1'].value
16         new_worksheet['A2'].value = value
17         new_workbook.save('F:\{}.xlsx'.format(key))
```

步骤03 将步骤 01 和步骤 02 创建的文件保存在同一个文件夹下，如 F 盘的根文件夹下，分别命名为“产品统计表.xlsm”和“example.py”，如下图所示。在保存工作簿时要注意选择保存类型为“Excel 启用宏的工作簿（*.xlsm）”。

步骤04 现在开始编写 VBA 代码来调用 Python 自定义函数。返回工作簿“产品统计表.xlsm”的窗口，按快捷键【Alt+F11】打开 VBA 编辑器，❶在左侧的“工程”界面中右击“产品统计表.xlsm”文件，❷在弹出的快捷菜单中执行“插入 > 模块”命令，如右图所示。

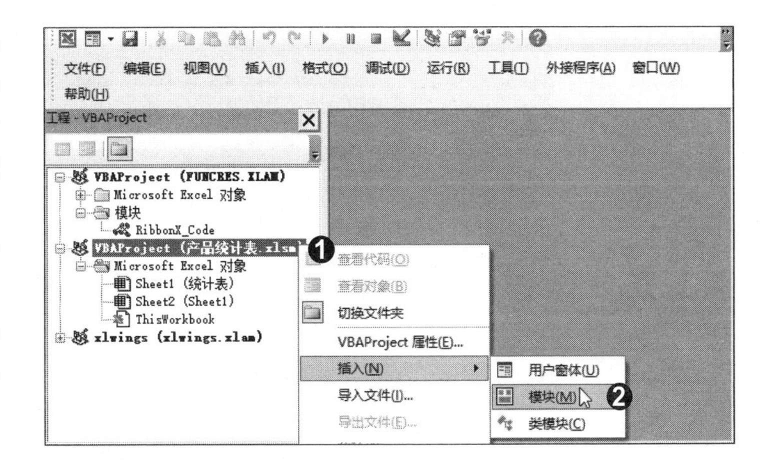

步骤05 在打开的模块代码窗口中输入如右图所示的 VBA 代码。第 1 行代码中的 example 为定义的宏名；第 2 行代码中的 example 为要导入的 Python 代码文件名，table() 为要从 Python 代码文件中调用的自定义函数名。

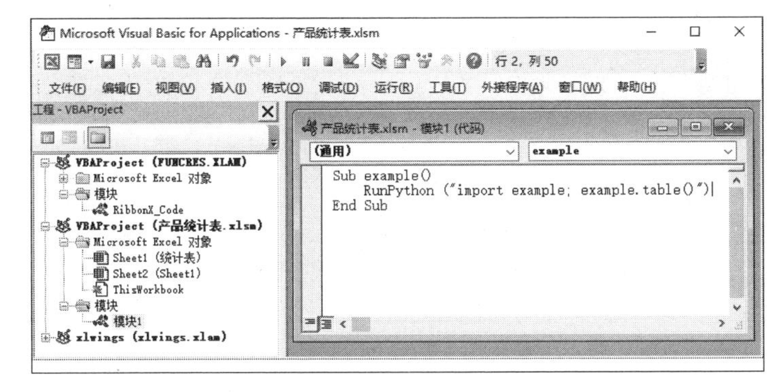

步骤06 编写完 VBA 代码，还需要在 VBA 中引用 xlwings 模块，才能实现 Python 自定义函数的调用。❶单击“工具”按钮，❷在弹出的菜单中执行“引用”命令，如右图所示。

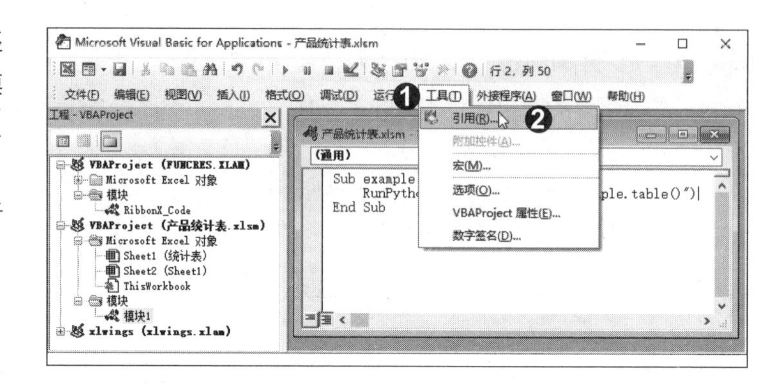

步骤07 打开“引用—VBAProject”对话框，❶勾选“xlwings”复选框，❷单击“确定”按钮，如右图所示，这样就完成了 xlwings 模块的引用。

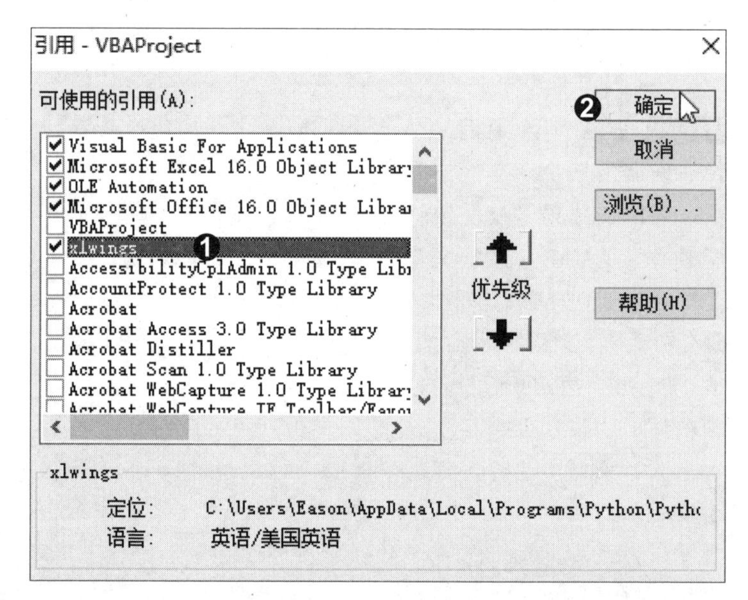

提 示

9.2.1 节在编写完 VBA 代码后没有引用 xlwings 模块，这是因为该节中的带宏工作簿是用 quickstart 命令创建的，该命令在创建带宏工作簿时会自动添加对 xlwings 模块的引用，无须手动操作。而这里的带宏工作簿是手动创建的，所以需要手动添加对 xlwings 模块的引用。

步骤 08 关闭 VBA 编辑器，按快捷键【Alt+F8】打开“宏”对话框，执行宏“example”，即可在 F 盘中看到拆分出的工作簿，分别为“背包.xlsx”“单肩包.xlsx”“行李箱.xlsx”“钱包.xlsx”“手提包.xlsx”，如右图所示。

步骤 09 双击打开任意一个拆分出的工作簿，如“单肩包.xlsx”，可看到该工作簿的工作表“单肩包”中只有单肩包的销售数据，如右图所示。

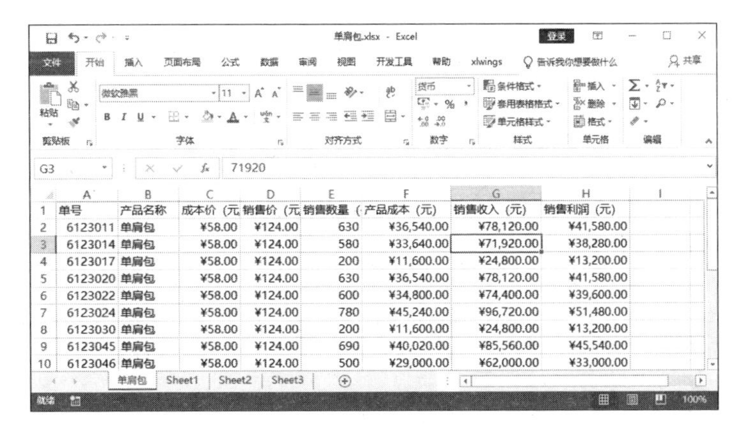

9.2.3　VBA 代码和 Python 代码的混合使用

在前面的案例中，所有的任务实际上都是由 Python 代码完成的，VBA 代码只起到调用 Python 代码的作用。下面要讲解的案例则将一部分任务用 VBA 代码来完成，另一部分任务用 Python 代码来完成，通过工作表中的特定单元格在两种代码之间传递参数。

步骤 01 在 F 盘中创建文件夹“产品统计表”，在该文件夹中创建 Python 代码文件“header.py”和空白带宏工作簿“产品统计表.xlsm”（其中有 3 个空白工作表），如下图所示。

步骤02 打开“header.py”文件，在该文件中输入如下代码。这段代码创建了一个名为 header() 的自定义函数，该函数先根据当前工作簿第 1 个工作表的单元格 F100 中的值选择一个工作表，然后在所选工作表的单元格区域 A1:E1 中依次输入指定的列标题。

```
1  import xlwings as xw
2  def header():
3      workbook = xw.Book.caller()
4      worksheet = workbook.sheets[0]
5      i = worksheet.range('F100').value
6      sheet = workbook.sheets[i]
7      sheet.range('A1').value = '单号'
8      sheet.range('B1').value = '产品名称'
9      sheet.range('C1').value = '成本价(元/个)'
10     sheet.range('D1').value = '销售价(元/个)'
11     sheet.range('E1').value = '销售数量(个)'
```

步骤03 打开工作簿“产品统计表.xlsm”，按快捷键【Alt+F11】进入 VBA 编程环境，❶根据 9.2.2 节中步骤 04 的方法为工作簿插入一个模块，❷在打开的模块代码窗口中输入如下图所示的 VBA 代码。随后根据 9.2.2 节中步骤 06 和步骤 07 的方法在 VBA 中引用 xlwings 模块。

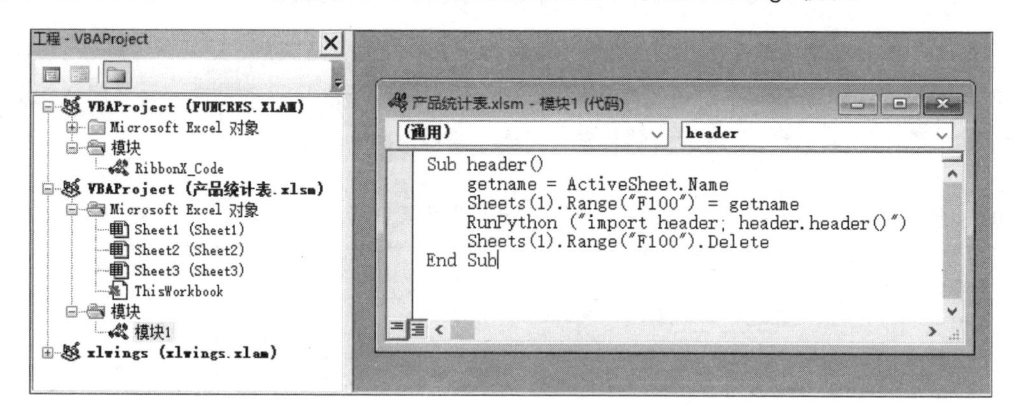

提　示

步骤 03 中输入的 VBA 代码的含义如下。

```
2	getname = ActiveSheet.Name  # 获取当前工作表的名称
3	Sheets(1).Range("F100") = getname  # 将获取的工作表名称写入第1个工作表（本案例中为工作表“Sheet1”）的单元格F100中
4	RunPython ("import header; header.header()")  # 调用“header.py”文件中的自定义函数header()
5	Sheets(1).Range("F100").Delete  # 删除第1个工作表（本案例中为工作表“Sheet1”）的单元格F100中的内容
```

因为步骤 02 输入的 Python 代码要从单元格 F100 中读取工作表名称，所以上述第 3 行代码中也要将获取的工作表名称写入单元格 F100。当然这个单元格并不是固定不变的，读者也可以将其改为其他单元格，只需要保证 Python 代码中读取的单元格和 VBA 代码中写入的单元格相同。此外，这个单元格不能与要输入列标题的单元格区域重叠，可尽量离要输入列标题的单元格区域远一些。

步骤 04 关闭 VBA 编辑器，切换至工作表“Sheet1”，按快捷键【Alt+F8】，打开“宏”对话框，❶选择宏“header”，❷单击“执行”按钮，如右图所示。

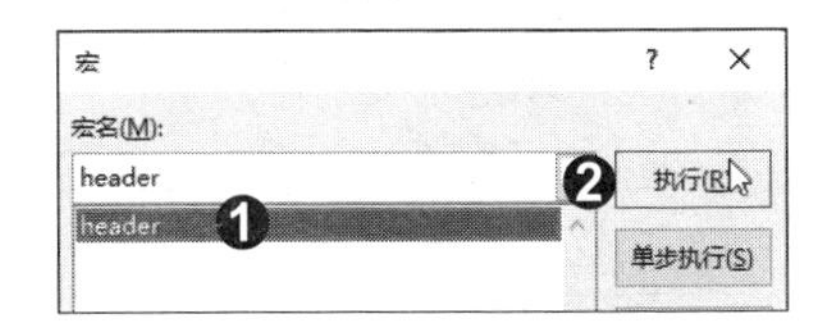

步骤 05 ❶随后即可在工作表“Sheet1”的单元格区域 A1:E1 中看到输入的列标题，如下左图所示。❷切换至工作表“Sheet3”，再次执行宏“header”，❸可看到该工作表的单元格区域 A1:E1 中也输入了相同的列标题，如下右图所示。

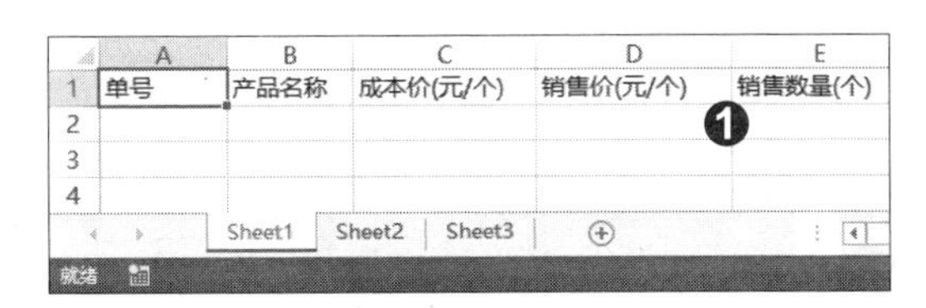

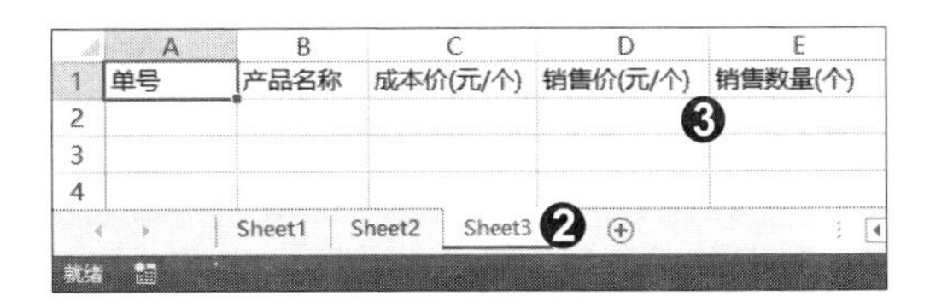

9.3 将 Python 代码转换为可执行程序

通过前面的学习，我们知道运行 Python 代码操控 Excel 要满足的前提条件是当前计算机上安装了 Python 编程环境及相关模块。如果想要将编写好的 Python 代码拿到其他计算机上运行，这个条件就不是总能满足了。为了更方便地实现批量操作，我们可以用 PyInstaller 模块将编写好的 Python 代码转换为可执行程序（扩展名为“.exe”），这样在没有安装 Python 编程环境及相关模块的计算机上也能直接运行 Python 代码。

PyInstaller 模块需要自行安装，通常使用 pip 安装法，输入的命令为“pip install pyinstaller”，具体步骤在 1.3.2 节中已经详细讲解过，这里不再重复。

9.3.1 PyInstaller 模块的语法和参数含义

先来学习 PyInstaller 模块的语法和参数含义。其语法格式如下：

```
PyInstaller 参数1 参数2 … 参数n ×××.py
```

常用参数含义见下表。

参数	含义
-F，--onefile	产生单个的可执行程序文件
-D，--onedir	产生一个文件夹，其中包含可执行程序文件
-w，--windowed，--noconsole	程序运行时不显示命令行窗口（仅对 Windows 有效）
-c，--nowindowed，--console	程序运行时显示命令行窗口（仅对 Windows 有效）
-o DIR，--out=DIR	指定 spec 文件的生成文件夹。如果没有指定，则默认使用当前文件夹来生成 spec 文件
-p DIR，--path=DIR	设置 Python 导入模块的路径（和设置 PYTHONPATH 环境变量的作用相似）。也可使用路径分隔符（Windows 使用分号，Linux 使用冒号）来分隔多个路径

续表

参数	含义
-n NAME，--name=NAME	指定项目（生成的 spec 文件）的名字。如果省略该选项，则使用第一个 Python 代码文件的文件主名作为 spec 文件的名字
-i FILE，--icon=FILE	指定可执行程序的文件图标

9.3.2　将 Python 代码打包成可执行程序

学习了 PyInstaller 模块的语法后，就可以使用该模块对 Python 代码进行打包操作。假设 F 盘的根文件夹下有一个 Python 代码文件“test.py”和一个工作簿“相关性分析.xlsx”，如右图所示。

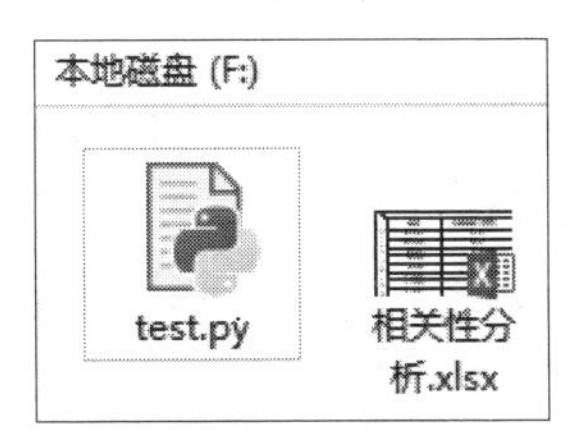

打开“相关性分析.xlsx”文件，其内容为某计算机软件公司部分代理商的年销售额与年广告费投入额、成本费用、管理费用等数据，如下图所示。

	A	B	C	D	E
1	编号	年销售额（万元）	年广告费投入额（万元）	成本费用（万元）	管理费用（万元）
2	A-001	20.5	15.6	2	0.8
3	A-003	24.5	16.7	2.54	0.94
4	B-002	31.8	20.4	2.96	0.88
5	B-006	34.9	22.6	3.02	0.79
6	B-008	39.4	25.7	3.14	0.84
7	C-003	44.5	28.8	4	0.8
8	C-004	49.6	32.1	6.84	0.85
9	C-007	54.8	35.9	5.6	0.91
10	D-006	58.5	38.7	6.45	0.9
11	D-009	66.8	44.3	6.59	0.9
12	D-011	70.2	49.6	6.87	0.84
13	E-005	72.4	54.1	7.18	0.86
14	E-008	75.6	58.4	7.24	0.82
15	E-012	76.3	60.1	7.22	0.86
16	F-003	80.2	65.6	7.69	0.83

打开“test.py”文件，其中的代码如下：

```
1  import pandas as pd
```

```
2  df = pd.read_excel('相关性分析.xlsx', index_col = '编号')
3  result = df.corr()['年销售额（万元）']
4  print(result)
5  input()
```

上述代码用于从工作簿“相关性分析.xlsx”中读取数据，然后计算年销售额和其他 3 种费用的相关系数。

下面就以这两个文件为例，讲解将 Python 文件打包为可执行程序的操作方法。

步骤01 按快捷键【Win+R】，在打开的“运行”对话框中输入“cmd”，然后单击“确定”按钮，❶在打开的命令行窗口中输入“test.py”文件所在磁盘的盘符“F:”，按【Enter】键，❷当前路径切换为 F 盘的根文件夹，输入命令“pyinstaller -F -n test_exe test.py”，如下图所示。命令中的参数“-F”表示生成单个的可执行程序，参数“-n”后的内容为生成的可执行程序的文件主名，此处设置为“test_exe”。

步骤02 按【Enter】键，执行上面输入的命令，随后将看到详细的生成过程，当出现“completed successfully”的提示文字时，表示命令成功执行完毕，如下图所示。

```
C:\WINDOWS\system32\cmd.exe
248365 INFO: Building PYZ (ZlibArchive) F:\build\test_exe\PYZ-00.pyz
254408 INFO: Building PYZ (ZlibArchive) F:\build\test_exe\PYZ-00.pyz completed successfully.
254513 INFO: checking PKG
254514 INFO: Building PKG because PKG-00.toc is non existent
254514 INFO: Building PKG (CArchive) PKG-00.pkg
425262 INFO: Building PKG (CArchive) PKG-00.pkg completed successfully.
425579 INFO: Bootloader c:\users\eason\anaconda3\lib\site-packages\PyInstaller\bootloader\Windows-64bit\run.exe
425579 INFO: checking EXE
425579 INFO: Building EXE because EXE-00.toc is non existent
425579 INFO: Building EXE from EXE-00.toc
425607 INFO: Appending archive to EXE F:\dist\test_exe.exe
429871 INFO: Building EXE from EXE-00.toc completed successfully.

F:\>
```

步骤03 此时在 F 盘下会生成一个名为“dist”的文件夹，如右图所示。

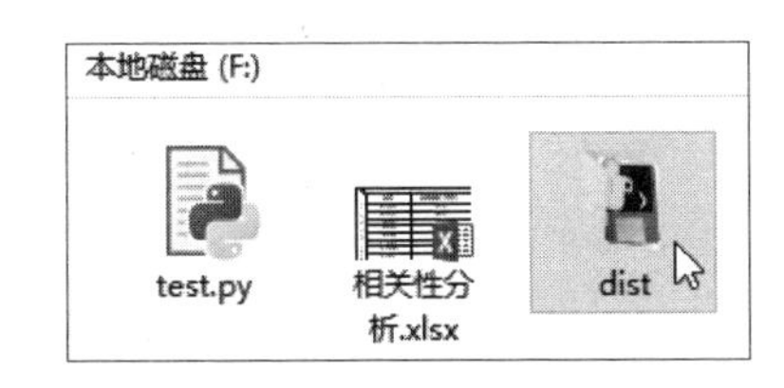

步骤04 双击打开该文件夹，可看到一个名为“test_exe.exe”的文件，它就是不需要 Python 编程环境也能运行代码的可执行程序。将 F 盘中的工作簿“相关性分析.xlsx”复制到“dist”文件夹中，然后将“dist”文件夹复制到另一台没有安装 Python 编程环境的计算机上，双击其中的可执行程序，如右图所示。

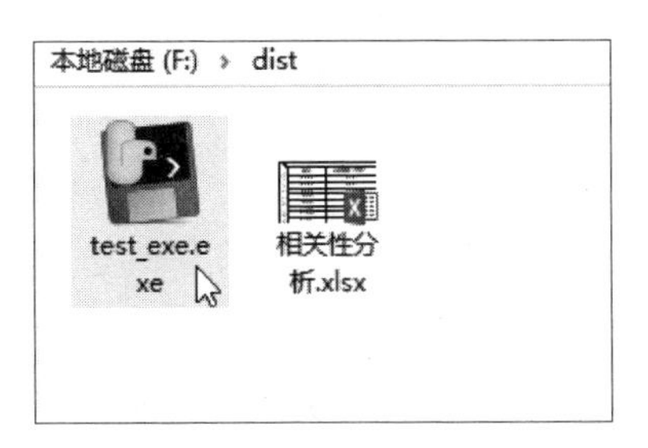

步骤05 随后可看到成功运行了 Python 代码，计算出年销售额和其他 3 种费用之间的相关系数，如下图所示。

```
F:\dist\test_exe.exe
The MATPLOTLIBDATA environment variable was deprecated in Matplotlib 3.1 and will be removed in 3.3.
  exec(bytecode, module.__dict__)
年销售额（万元）        1.000000
年广告费投入额（万元）    0.982321
成本费用（万元）        0.953981
管理费用（万元）        0.012364
Name: 年销售额（万元）, dtype: float64
```

9.3.3 打包文件的实际应用

在实际工作中，需要判断相关性的数据可能不同于 9.3.2 节中的工作簿数据，此时仍然可以用前面生成的可执行程序来计算相关系数，只不过数据的格式要符合一定的要求。

步骤01 在“dist”文件夹中新建一个空白工作簿，重命名为“相关性分析.xlsx”，双击该工作簿，如右图所示。需要注意的是，新建工作簿的文件名必须与 9.3.2 节中“test.py”文件第 2 行代码中的工作簿文件名相同。

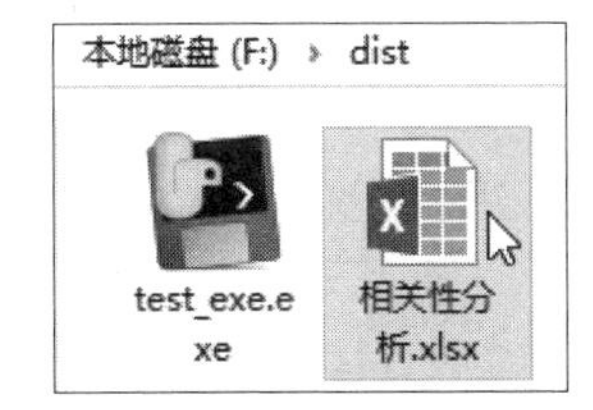

步骤02 在单元格 A1 和 B1 中分别输入“编号”和“年销售额（万元）”，如右图所示。需要注意的是，这两个单元格中输入的内容必须与 9.3.2 节中“test.py”文件第 2 行和第 3 行代码中设置的列名相同。

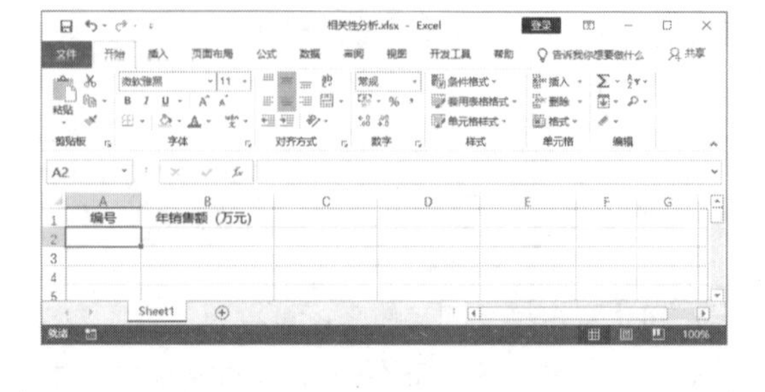

步骤03 在 A 列和 B 列中输入编号和年销售额数据，然后在 C 列中输入要判断与年销售额相关性的项目数据。假设只想要判断年销售额和成本费用的相关性，则在 C 列中输入成本费用的数据，如右图所示。

	A	B	C
1	编号	年销售额（万元）	成本费用（万元）
2	1	30	15
3	2	40	25
4	3	52	30
5	4	69	45
6	5	78	58
7	6	58	41
8	7	32	10
9	8	54	25

步骤04 保存并关闭该工作簿，在“dist”文件夹中双击“test_exe.exe”文件，即可得到如下图所示的运行结果。

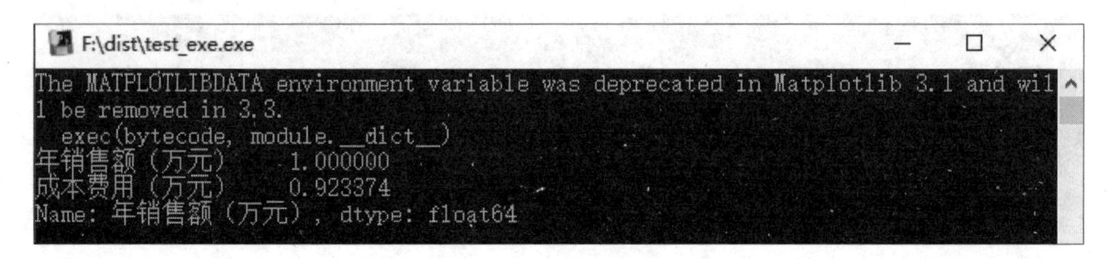